ISBN 3-89835-802-x

Druck und Bindung: Kösel,
Krugzell

Layout: Christoph Tillmann

Satz: SoliMedia Productions
GmbH, Erfurt

Bild- und Fotonachweis:
s. Seite 127

www.terzio.de

1 2 3 4 5   08 07 06 05

Martina Arnold (Hrsg.)

Löwenzahn

Tour Natur

Aktionsbuch für draußen

Geschrieben von Birgit Hattemer
Illustriert von Christoph Tillmann

terzio

Vorwort

Das Löwenzahn-Aktionsbuch **Tour Natur** will dich neugierig machen auf die Abenteuer, die draußen vor deiner Haustür liegen: Wie funktioniert ein Baumtelefon? Wie kannst du Tierspuren mit nach Hause nehmen oder dir einen Unterwasser-Urwald anlegen? Du erhältst Tipps, was man im Wald alles sammeln, am Bach alles bauen und auf der Wiese alles erleben kann.

Damit deine Expedition auch erfolgreich wird, muss sie natürlich gut vorbereitet werden.

Was gehört in den Rucksack und wie liest man überhaupt eine Wanderkarte? Und wenn's draußen regnet? Dann findest du hier sogar eine Anleitung, wie du einen Regenunterstand baust.

Wenn alles gepackt, ausgemessen und eingetragen ist, geht es los und du kannst dann ganz wie Peter Lustig die Natur entdecken und erforschen.

Viel Spaß dabei wünscht dir die Redaktion von

Löwenzahn

Deine persönlichen Angaben

NAME: ______________________

STRASSE: ______________________

ORT: ______________________

WICHTIGE TELEFONNUMMERN: ______________________

____

____

____

____

____

____

Über mich

Maßstab für unterwegs

Wie lang ist der Ast? Wie viele Meter sind es bis zum See? Dieser Maßstab hilft dir, kleinere und größere Entfernungen abzuschätzen.

Tipp!
Trage deine Maße nur mit Bleistift ein und miss sie ab und zu nach.

Inhalt **Seite**

Inhalt

Vorbereitung

Um draußen forschen und experimentieren zu können, brauchst du eine Grundausrüstung: einen gut gepackten Rucksack und praktische Kleidung.

Kordel

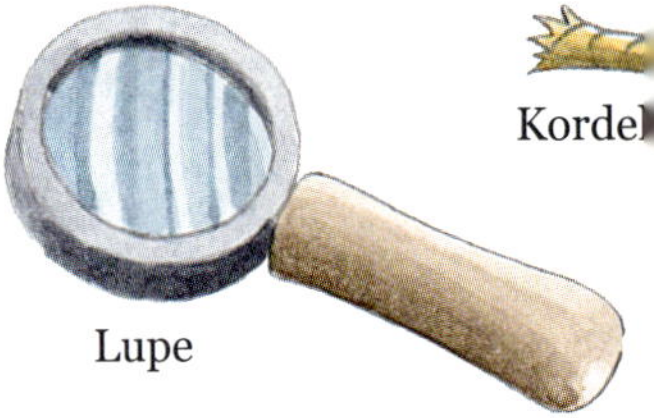

Lupe

Richtig packen

- Nimm nur mit, was für deinen Ausflug sinnvoll ist.
- Überprüfe, ob alle Sachen funktionieren.
- Packe den Rucksack so, dass schwere Dinge dicht am Rücken liegen.

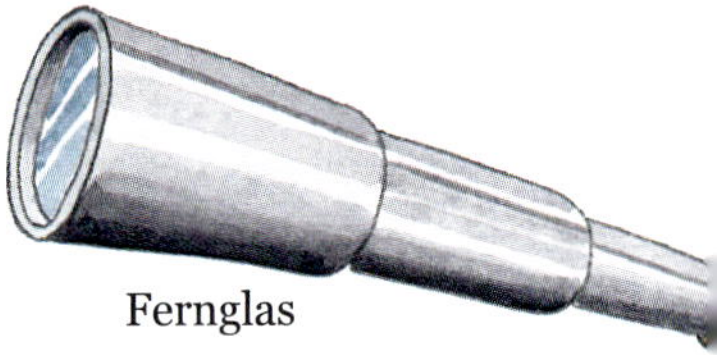

Fernglas

Kleidung

- Richte dich nach Wetter und Jahreszeit.
- Wähle bequeme Sachen.
- Rüste dich für einen plötzlichen Regenguss.
- Nimm alte eingelaufene Schuhe (keine neuen!).
- Achte darauf, dass die Socken glatt am Fuß anliegen (Falten machen Blasen!).

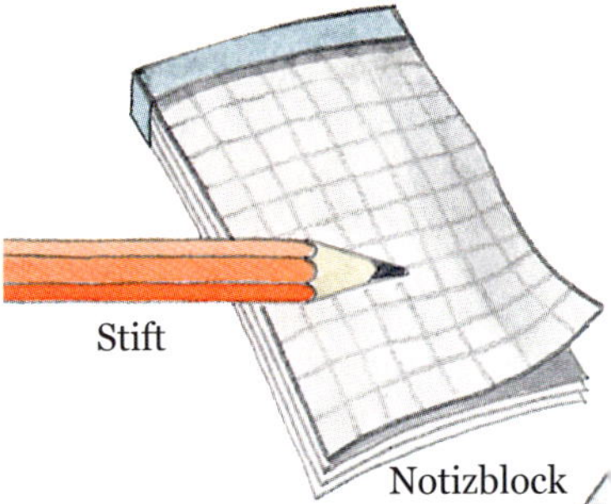

Stift

Notizblock

Tipp!

Ziehe dich nach der Zwiebeltechnik an: Mehrere dünne Schichten übereinander sind besser als eine einzelne dicke Schicht.

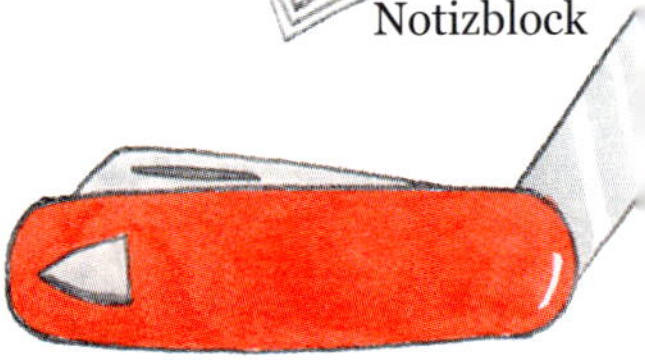

Taschenmesser

Vorbereitung

Die Grundausrüstung

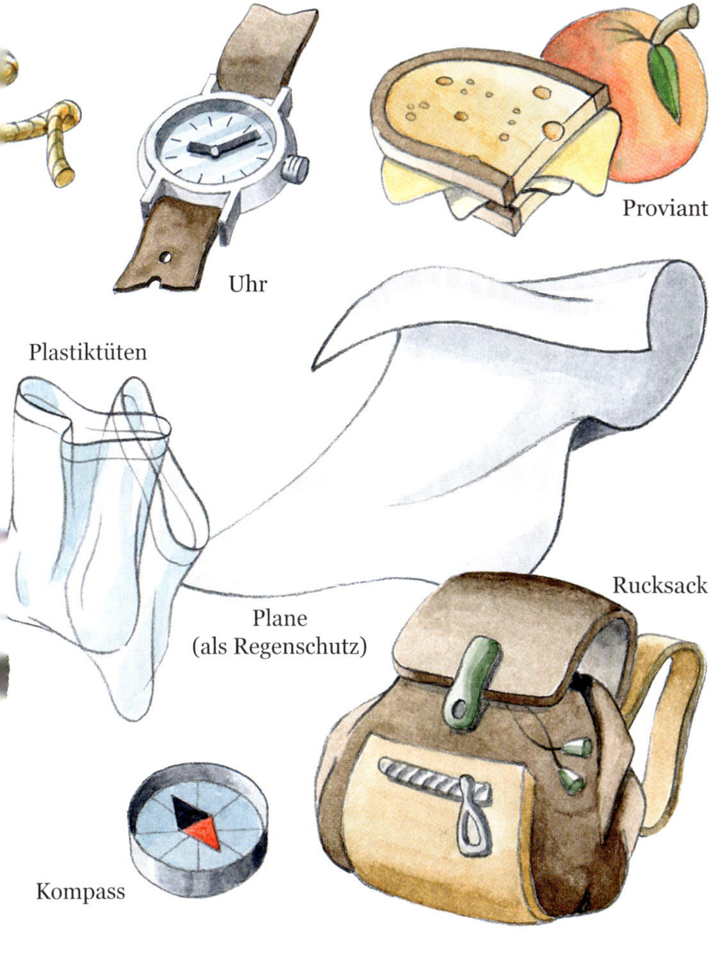

Du planst einen Ausflug und möchtest wissen, ob das Wetter schön wird? Dann achte auf diese Zeichen. Je mehr du davon gleichzeitig entdeckst, desto sicherer ist die Vorhersage!

Vorbereitung

Boten für gutes Wetter

Am Himmel

- »Abendrot – Schönwetter-bot'«: Trockene Luft ist im Anmarsch!
- Mattblauer Himmel und schlechte Fernsicht

Wolken und Nebel

- Frühnebel sinkt zu Boden.
- Leichte, kaum sichtbare Schleierwolken
- Schäfchenwolken am frühen Morgen lösen sich rasch auf.
- Einzelne Quellwolken ziehen mit dem Wind.
- Kleine Wolkenfetzen lösen sich von großen Wolken.

Wind

- Windstille: Rauch steigt senkrecht nach oben.

Tiere und Pflanzen

- Schwalben fliegen hoch.
- Spinnen bauen Netze.
- Frösche quaken abends lange.
- Zapfen sind geöffnet.

Sonstiges

- Taufrisches Gras am frühen Morgen

Vorbereitung

Boten für schlechtes Wetter

Am Himmel
- Morgenrot und Wolken
- Stark flimmernde Sterne
- Bunter Ring (Hof) um den Mond
- Tiefblauer Himmel und besonders gute Fernsicht

Wolken und Nebel
- Frühnebel steigt auf.
- Haufenwolken oder Schäfchenwolken in Bändern
- Regenwolken

Wind
- Die Windstärke nimmt zu.
- Der Wind dreht auf West. (Westwind kommt übers Meer zu uns und bringt meist Regen.)

Tiere und Pflanzen
- Fische springen.
- Schwalben fliegen tief.
- Insekten sind schon am Morgen aufdringlich.
- Regenwürmer kommen aus der Erde.
- Zapfen schließen sich.
- Sonnenblumen und Disteln schließen ihre Blüten.

Sonstiges
- Geruch steigt aus Kanälen hoch.

(1) Federwolke (Cirrus)

(2) Feine Schäfchenwolke (Cirrocumulus)

(3) Grobe Schäfchenwolke (Altocumulus)

(4) Gewitterwolke (Cumulonimbus)

(5) Haufenwolke (Cumulus)

Vorbereitung

Kleine Wolkenkunde

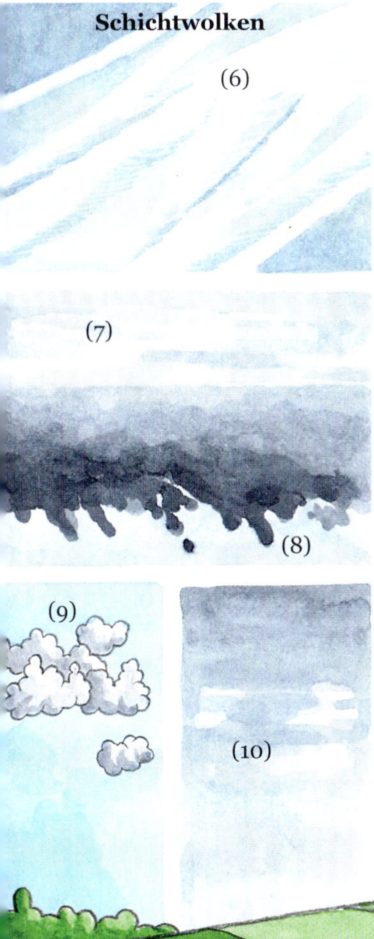

Welche Wolkenart kannst du erkennen?
Lege dich ins Gras und schaue dir den Himmel an. Je länger du die Wolken betrachtest, desto mehr Unterschiede wirst du entdecken.

Schon gewusst?
Die Wolken ganz oben am Himmel bestehen aus Eiskristallen. Warum? Dort oben, in 6–12 Kilometern Höhe, ist es –35 °C kalt!

(6) Hohe Schleierwolke (Cirrostratus)

(7) Hohe Schichtwolke (Altostratus)

(8) Regenwolke (Nimbostratus)

(9) Haufen-Schichtwolke (Stratocumulus)

(10) Tiefe Schichtwolke (Stratus)

Du bist unterwegs und ein Gewitter zieht auf: Was tun?

Solange das Gewitter noch weit weg ist: **Möglichst schnell nach Hause gehen!**

Ist das Gewitter schon zu nah, schütze dich so:
- Hinhocken, Füße schließen und zusammenkauern!
- Nicht unter einzelnen Bäumen Schutz suchen!
- Runter vom Berggipfel!
- Weg vom Wasser/Ufer!
- Kein Metall anfassen! (Fahrrad liegen lassen.)
- Keine Felswände berühren!

Vorbereitung

Gewitter

Anzeichen, dass ein Gewitter aufzieht

- Es wird zunehmend schwül.
- Schäfchenwolken türmen sich hoch auf.
- Plötzlich kommt ein starker Wind auf.
- Gewitterwolken verdunkeln den Himmel.

Wie weit ist das Gewitter weg?

1. Zähle die Sekunden zwischen Blitz und Donner.
2. Teile die gezählten Sekunden durch die Zahl 3.
3. Das Ergebnis gibt an, wie viele Kilometer das Gewitter von dir entfernt ist.

Sekunden : 3 = Kilometer

Wie stark weht der Wind? Die Beaufortskala hilft dir das herauszufinden. Sie wurde 1805 von dem britischen Admiral Sir Francis Beaufort entwickelt.

0 Windstille
0 km/Stunde
Rauch steigt gerade hoch.

1 Leiser Zug
1–5 km/Stunde
Rauch zeigt Windrichtung.

2 Leichte Brise
6–11 km/Stunde
Windfahne bewegt sich.

5 Frische Brise
29–38 km/Stunde
Kleine Bäume schwanken.

6 Starker Wind
39–49 km/Stunde
Starke Äste bewegen sich.

9 Sturm
75–88 km/Stunde
Leichte Schäden am Haus

10 Schwerer Sturm
89–102 km/Stunde
Entwurzelte Bäume

Vorbereitung

Die Beaufortskala

3 Schwache Brise
12–19 km/Stunde
Windfahne streckt sich.

4 Mäßige Brise
20–28 km/Stunde
Dünne Äste bewegen sich.

7 Steifer Wind
50–61 km/Stunde
Große Bäume schwanken.

8 Stürmischer Wind
62–74 km/Stunde
Zweige brechen.

11 Orkanartiger Sturm
103–117 km/Stunde
Sturmschäden aller Art

12 Orkan
über 117 km/Stunde
Große Verwüstungen!

Plane deinen Ausflug sorgfältig und sage deinen Eltern, wohin du gehen möchtest.

Trage helle Kleidung.

Bringe dich vor einem Gewitter in Sicherheit.

Meide tiefes Wasser, Strömungen und Strudel: Spiele nicht an Kanälen, Schleusen oder Wehren.

Iss keine Pflanzen oder Beeren, die du findest!

Laufe am linken Straßenrand.

Vorbereitung

Naturforscher-Regeln

Reiß keine Äste ab und pflücke keine Blumen oder Pflanzen, die unter Naturschutz stehen.

Laufe nicht über bestellte Äcker.

Lass keinen Müll liegen.

Mache Feuer nur mit Erwachsenen!

Beobachte die Tiere, ohne sie zu stören.

Lass Wassertiere dort wieder frei, wo du sie gefangen hast.

Orientierung

Landkarten helfen dir, dich in der Umgebung zurechtzufinden. Sie zeigen dir die Landschaft von oben, so wie sie ein Vogel sieht – aus der Vogelperspektive.

Welcher Kartentyp eignet sich für dich?

Topografische Karten bilden die Landschaft am genauesten ab. Hier findest du Wanderwege, Schluchten, Bäche usw. Für dich: sehr gut geeignet!

Touristikkarten zeigen, wie du zu Sehenswürdigkeiten gelangst. Kleinere Wege fehlen häufig. Für dich: weniger geeignet!

Straßenkarten sind für Autofahrer gemacht. Dort wo Autos fahren, macht Wandern ohnehin keinen Spaß. Für dich: völlig ungeeignet!

Tipp!
Sieh dir die Zeichenerklärung auf deiner Karte genau an. Vielleicht entdeckst du etwas Interessantes ganz in deiner Nähe?

Orientierung

Karten lesen

Karten bilden die Landschaft verkleinert ab. Der Maßstab auf der Karte sagt dir, wie groß die Dinge in Wirklichkeit sind. Nur wenn der Maßstab stimmt, ist die Karte für dich geeignet.

Karte 1 und 2:
Großer Maßstab

Die Landschaft ist nur wenig verkleinert (deshalb steht auf der Karte eine kleine Zahl). Das bedeutet: Du siehst ein kleines Gebiet mit vielen Einzelheiten.

Karte 1

Karte 3, 4 und 5:
Kleiner Maßstab

Die Landschaft ist stark verkleinert (deshalb steht auf der Karte eine große Zahl). Das bedeutet: Du siehst ein riesiges Gebiet, aber keine Einzelheiten.

Karte 3

Orientierung

Der Maßstab deiner Karte

Karte 2

Für dich geeignet:
eine Karte mit großem Maßstab (kleinere Zahl!)

Sehr gut: 1:15.000
1 cm = 150 m in der Natur

Schlecht: 1:1.000.000
1 cm = 10 km in der Natur!

Karte 4

Karte 5

Rätsel:
Wie weit ist es vom Bauwagen bis zum Wasserturm, also von Kreuz zu Kreuz?

Du brauchst: eine Schnur
1. Lege den Weg mit der Schnur nach.
2. Spanne die Schnur und halte sie an den Maßstab unten auf der Karte.
3. Berechne daraus die Länge der Strecke.
4. Vergleiche dein Ergebnis mit der Lösung auf Seite 125.

Wie weit möchtest du wandern?
Das hilft dir beim Planen:
1. Miss auf deiner Karte eine Strecke von 1 Kilometer aus.
2. Laufe die Strecke gemütlich ab und trage anschließend hier ein, wie lange du gelaufen bist:

Marschgeschwindigkeit:

☐ Minuten/km

Tipp!
Plane genügend Zeit für den Rückweg, für Spiele und für Pausen ein.

Orientierung

Bärstadt zum Ausmessen

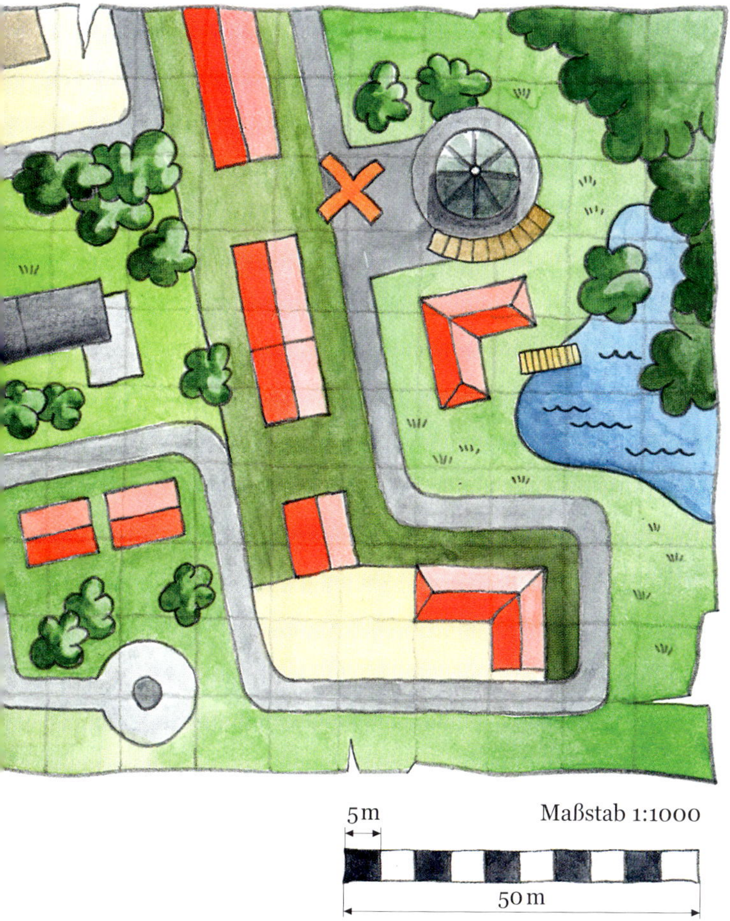

Karten sind flach, trotzdem zeigen sie dir, wie hoch etwas ist. Du erkennst das an den…

Höhenlinien
Berge und Täler werden auf der Karte durch Höhenlinien dargestellt.
Alles, was auf einer Linie liegt, hat die gleiche Höhe (Höhe = Zahl an der Linie).
Das bedeutet:
Führt ein Weg von einer Linie zur nächsten Linie, geht es rauf oder runter!
Führt der Weg über mehrere Linien, die dicht beieinander liegen, geht es steil rauf oder steil runter!

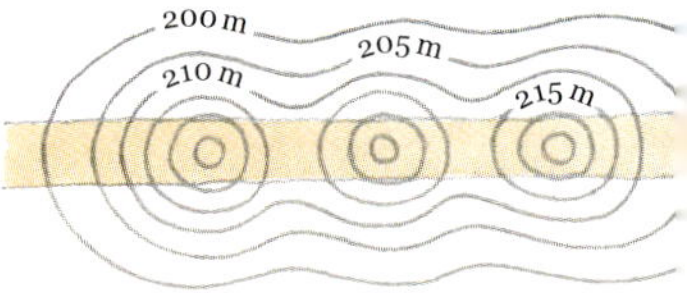

1

Bild 1:
Schlecht zum Wandern
Die Höhenlinien liegen sehr dicht zusammen: Der Weg ist zu steil!

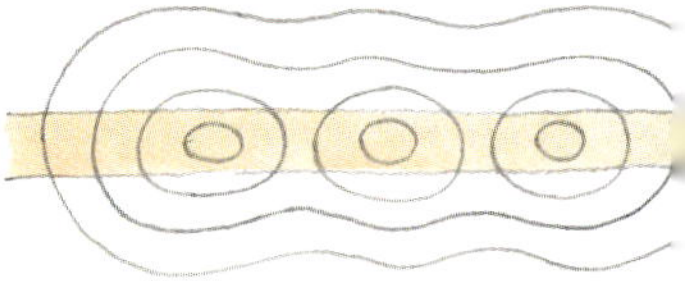

2

Bild 2 und 3:
Gut zum Wandern
Die Höhenlinien liegen weiter auseinander: Diese Wege sind flacher!

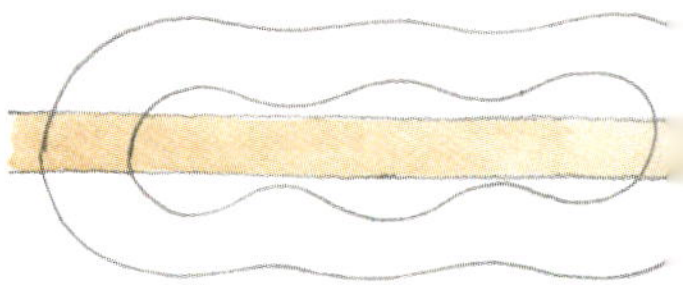

3

Beachte: Steigungen kosten Kraft. Plane genügend Zeit dafür ein!

Orientierung

Wie steil geht's hinauf?

Damit du dich auf einer Karte zurechtfindest, musst du sie nach Norden ausrichten:

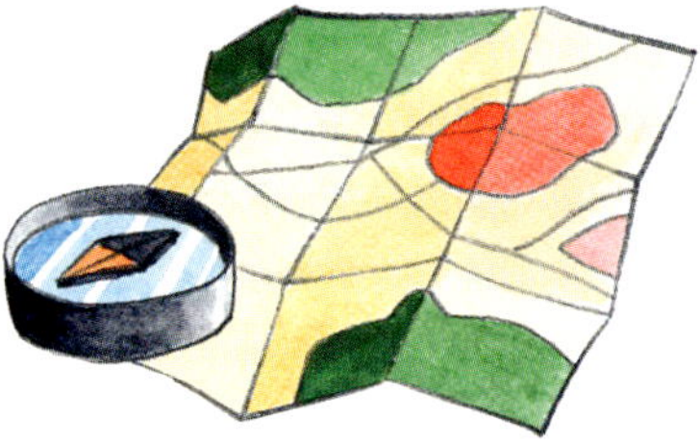

1. Mit dem Kompass

- Lege deinen Kompass auf die Karte.
- Drehe dich mitsamt Kompass und Karte, bis Kompassnadel und Nordpfeil auf der Karte übereinstimmen.
- Wenn du weißt, wo Norden ist, findest du die anderen Himmelsrichtungen so:

Nie → **O**hne → **S**eife → **W**aschen →

2. Mit der Uhr

- Drehe deine Uhr, bis der kleine Zeiger zur Sonne zeigt.
- Suche die kürzeste Verbindung vom kleinen Zeiger bis zur 12*. (*Winterzeit: 12 Uhr, Sommerzeit: 1 Uhr!)
- In der Mitte zwischen kleinem Zeiger und 12 Uhr* ist Süden! (Norden liegt genau gegenüber.)
- Richte die Karte nach Norden aus – fertig!

Orientierung

Die Richtung bestimmen

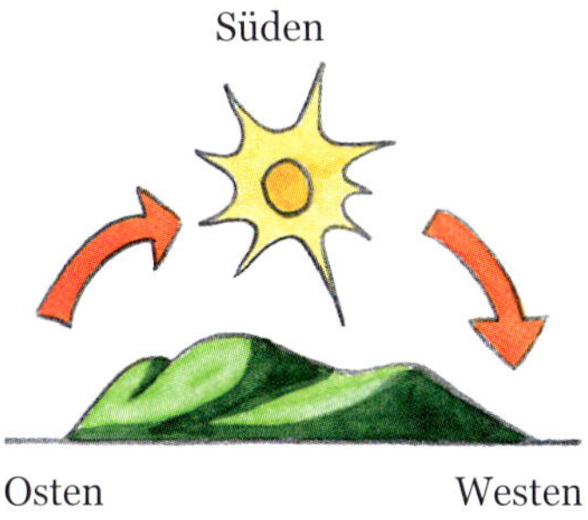

4. Mit der Sonne
Richte dich nach dem Sonnenstand: Morgens steht die Sonne im Osten, mittags im Süden, abends im Westen.

Merkspruch:
Im Osten geht die Sonne auf, im Süden will sie hoch hinauf, im Westen wird sie untergehen, im Norden ist sie nie zu sehen.

3. Mit der Landschaft
- Suche dir einen auffälligen Punkt im Gelände.
- Suche diesen Punkt auf der Karte und richte die Karte danach aus!

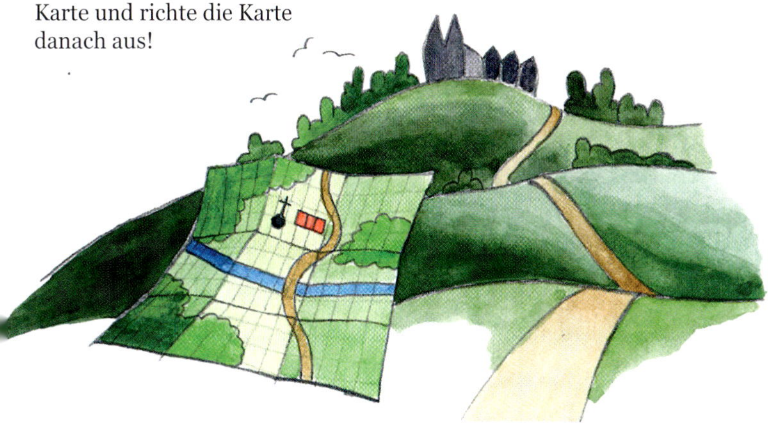

Karten zeichnen macht Spaß! Dazu kannst du deine selbstgezeichnete Karte verwenden:

- Für eine Schatzsuche
- Um dir einen bestimmten Ort zu merken
- Um anderen den Weg zu zeigen

1. Zu Hause abzeichnen
Du brauchst: eine Wanderkarte, Papier, Bleistift, Radiergummi

- Vereinfache die Karte.
- Zeichne nur das ab, was für deine Zwecke wichtig ist.
- Trage ein, wo Norden ist.

2. Rausgehen und die Karte selber entwerfen
Du brauchst: Papier, Bleistift, Lineal, Radiergummi, Kompass

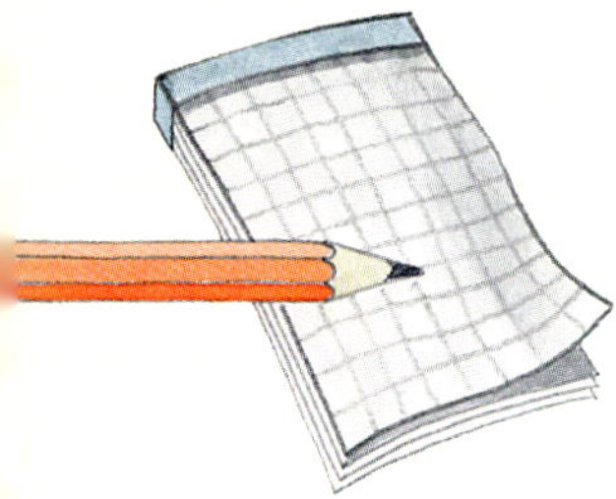

Vorbereitungen

- Sieh dir das Gelände genau an!
- Suche auffällige Punkte in der Landschaft.
- Schätze wichtige Entfernungen ab und mache dir Notizen:
- Kurze Strecken: Zähle die Schritte.
- Lange Strecken: Miss die Zeit, die du zum Ablaufen brauchst.
- Überlege dir einfache Zeichen für deine Karte.

So wird gezeichnet

- Male Hilfslinien: Die Karos helfen dir, das Gelände zu unterteilen.
- Beginne zunächst mit einem groben Überblick.
- Ziehe saubere, klare Linien (gestrichelte Linien verwirren nur: Sie sehen aus wie Abzweigungen).
- Zeichne nach und nach die wichtigsten Einzelheiten ein.
- Trage ein, wo Norden ist (Kompass verwenden).
- Erkläre, was die Zeichen bedeuten, die du verwendet hast.

Orientierung

Karten selber machen

Erst der Überblick …

… dann die Einzelheiten

Hier kannst du eine eigene Schatzkarte entwerfen.

Tipp!
Kopiere diese Seite, dann kannst du verschiedene Karten zeichnen!

Zeichenerklärung:

Wald

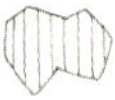
Häuser

Hügel

Straße

Fußweg

Brücke

Einzelne Bäume

Eisenbahn mit Bahnhof

Teich oder See

Bach oder Fluss

Eigene Zeichen:

Orientierung

Deine Schatzkarte

Verlaufen?
Keine Panik! Denke nach und setze deine Sinne ein!

Sieh dich um!
• Suche eine Stelle, von der aus du das Gelände überblicken kannst.
• Richte deine Karte nach Norden aus (s. Seite 36/37).
• Suche die Landschaft nach solchen Merkmalen ab, die auf deiner Karte eingezeichnet sind.

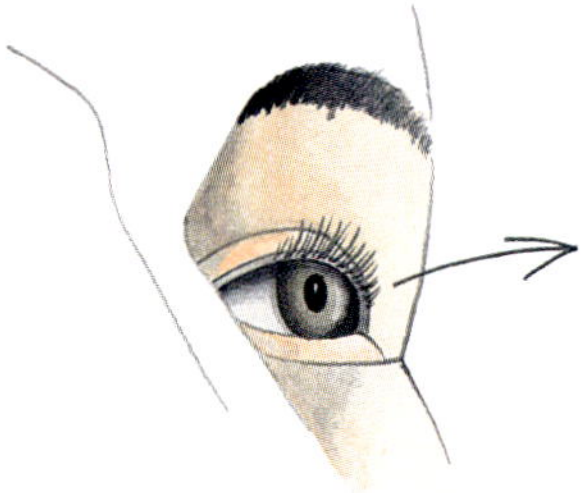

Achte auf Geräusche!
• Plätschern, Rauschen, leises Gurgeln: In deiner Nähe ist ein Fluss/Bach!
• Kirchenglocken, Maschinen, bellende Hunde: Dort muss ein Ort sein!
• Fahrende Autos: Die Straße ist nicht weit!

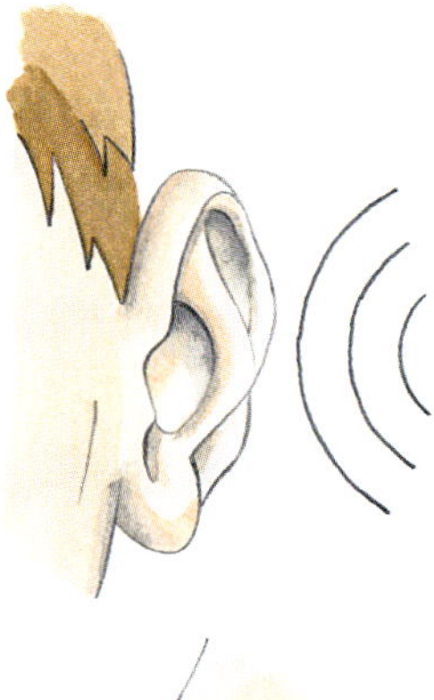

Was riechst du?
• Rauch von einer Fabrik? Autoabgase? Stallmist oder Dünger? Frisch gespritzte Felder?
• Halte den feuchten Finger in die Luft: Wird eine Seite kühler? Aus dieser Richtung kommt der Wind, also auch der Geruch!

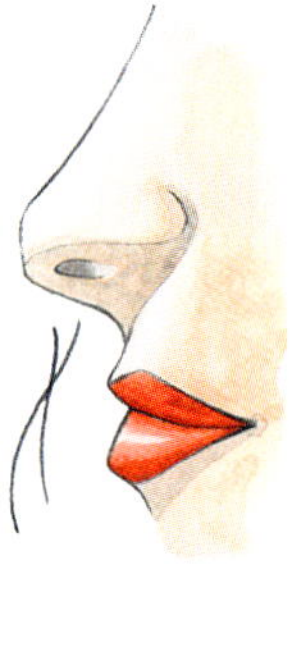

Orientierung

Mit allen Sinnen

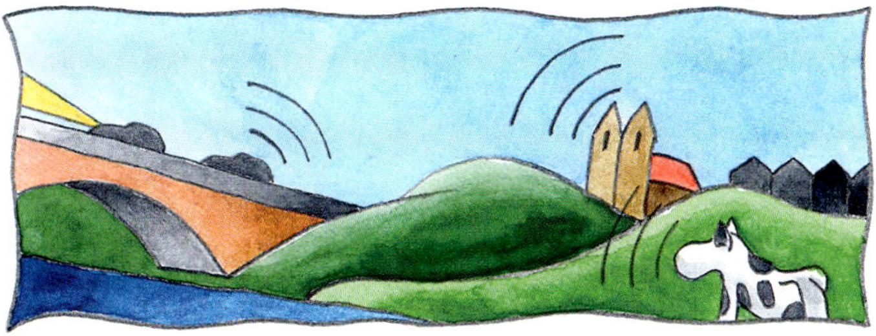

Wo Abmessen nicht möglich ist, hilft dir Schätzen weiter!

Wie hoch ist der Baum?

1. Peile den Baum so an, dass er zwischen Daumen und Zeigefinger passt.
2. Kippe die Hand (ohne den Abstand zwischen Daumen und Zeigefinger zu verändern!).
3. Der Daumen bleibt auf den Baum gerichtet: Auf welchen Punkt am Boden zeigt der Zeigefinger?
4. Zähle die Schritte vom Baum bis hin zu diesem Punkt.

Orientierung

Entfernungen abschätzen

Wie breit ist der Fluss?
1. Stelle dich ans Ufer.
2. Lege die Hand an die Stirn.
3. Schließe ein Auge.
4. Hebe und senke den Kopf, bis die Handkante das andere Ufer scheinbar berührt. Wichtig: Hand und Kopf *nicht mehr verändern*!
5. Drehe dich, bis die Hand auf das eigene Ufer stößt.
6. Merke dir diesen Punkt und zähle die Schritte bis dorthin.

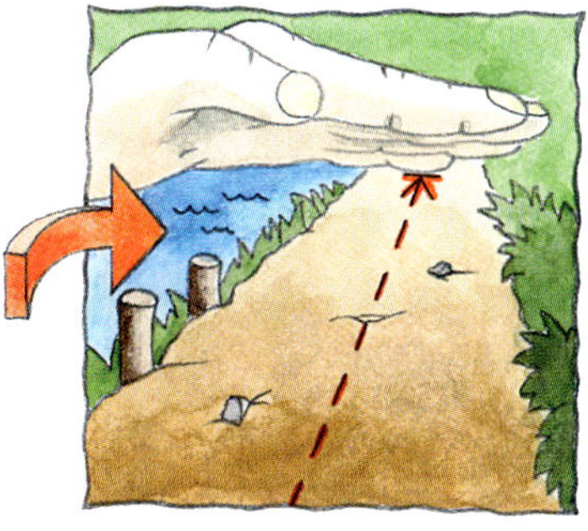

Breite/Höhe in Metern
Multipliziere die Anzahl der Schritte mit deiner Schrittlänge (s. Seite 7).

Am Wasser

Wird dein Staudamm dem Wasserdruck standhalten? Klar, wenn er stabil gebaut ist. Deshalb: Achte auf das Bachbett!

Sandiges Bachbett

1. Ramme ein paar kurze, stabile Äste ins Bachbett.
2. Lege einige lange Äste quer davor.
3. Lege ein paar größere Steine *hinter* den Damm, damit der Damm nicht vom Wasser umgedrückt wird.
4. Fülle die Lücken mit kleinen Steinchen, dünnen Ästen und Grasbüscheln.

Bevor du gehst, solltest du den Staudamm wieder öffnen, damit es keine Überschwemmung gibt!

Steiniges Bachbett

1. Schichte Steine aufeinander: Große Steine kommen unten hin, kleine Steine oben drauf.
2. Fülle die Lücken so, wie oben beschrieben.

Tipp!

Nutze die Wasserkraft: Erzeuge einen Wasserfall und halte ein Wasserrad (s. Seite 52) darunter.

Am Wasser

Der Staudamm

Boot

Boot
1. Suche ein Stück Borke von einem umgestürzten Baum.
2. Bohre einen kleinen Stock in die Borke.
3. Spieße ein Blatt auf den Stock – fertig!

Wichtig: Mache Mast und Segel nicht zu schwer, sonst kippt das Boot!

Floß

Am Wasser

Allerlei Boote

Floß
Du brauchst: ein Taschenmesser, Schnur

1. Kürze ein paar Stöcke auf gleiche Länge.
2. Lege die Stöcke nebeneinander und 2 Stöcke quer darüber.
3. Binde sie mit Schnur zusammen.
4. Mast und Segel siehe links.

Katamaran
Du brauchst: ein Taschenmesser

1. Suche 2 Stücke morsches Holz.
2. Verbinde die Hölzer mit 2 Stöckchen: anspitzen und vorsichtig ins Holz drehen.
3. Bohre 2 kleine Stöckchen (Masten) ins Holz und spieße ein großes Blatt (Segel) darauf – fertig!

Tipp!
Du kannst den Katamaran auch zu Hause aus Holzresten zusammennageln.

Du brauchst: 1 Korken, 2 Holzspieße (Schaschlik-Spieße), Kugelschreiber, Sägemesser, Schere, beschichtete Pappe (Saft- oder Milchtüte), 2 Astgabeln

Zu Hause basteln

1. Verteile mit dem Kugelschreiber 6 Striche rund um den Korken.
2. Schneide den Korken an den markierten Stellen der Länge nach ein (nicht zu tief schneiden, sonst zerbricht der Korken!).
3. Stecke die beiden Holzspieße in den Korken und zwar möglichst genau in die Mitte!
4. Schneide 6 Stücke beschichtete Pappe zurecht: jedes etwa 4 Zentimeter breit und 7 Zentimeter lang.
5. Stecke (oder schiebe) die Pappstücke mit der breiten Seite in die Schlitze hinein – fertig!

Am Bach aufbauen

Stecke 2 Astgabeln ins Bachbett und lege das Wasserrad darauf.

Am Wasser

Das Wasserrad

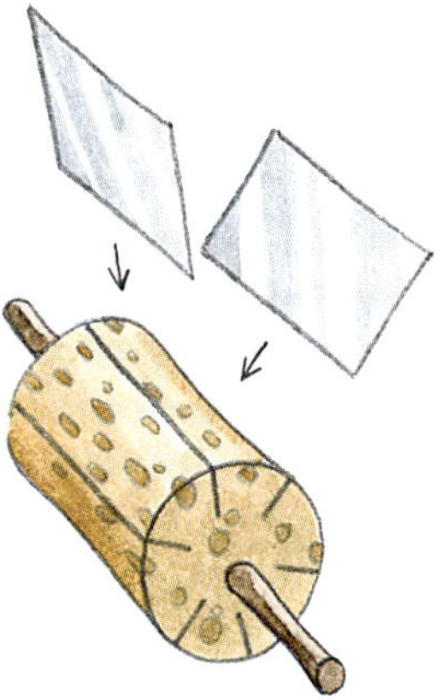

Was tut sich unten im Wasser? Mit ein paar einfachen selbst gebastelten Geräten kannst du kleine Tiere einfangen oder direkt im Wasser beobachten:

Der Käscher
Du brauchst: 1 altes Küchensieb, 1 stabilen Stock, Textilklebeband

1. Lege den Stock auf den Griff vom Sieb.
2. Umwickle beides fest mit Klebeband – fertig!

Wassertiere fangen
- Suche am Boden des Gewässers (besonders unter Steinen).
- Hast du ein Tier gefangen, beobachte es in einem Glas mit Wasser.
- Lass es dort wieder frei, wo du es gefunden hast!

Die Unterwasserlupe
Du brauchst: 1 Kunststoffrohr (oder eine Konservenbüchse, oben und unten offen), Frischhaltefolie, Gummiband, Klebeband

1. Ziehe die Folie straff über ein Rohrende (das andere Ende bleibt offen).
2. Halte die Folienränder mit dem Gummiband fest.
3. Ziehe die Folie noch mal straff und umwickle sie mit mehreren Lagen Klebeband so, dass möglichst kein Wasser durchkommt – fertig!

Richtig beobachten
- Verhalte dich ruhig.
- Achte darauf, dass dein Schatten nicht auf die Wasseroberfläche fällt (sonst vertreibst du die Tiere!).

Am Wasser

Käscher und Unterwasserlupe

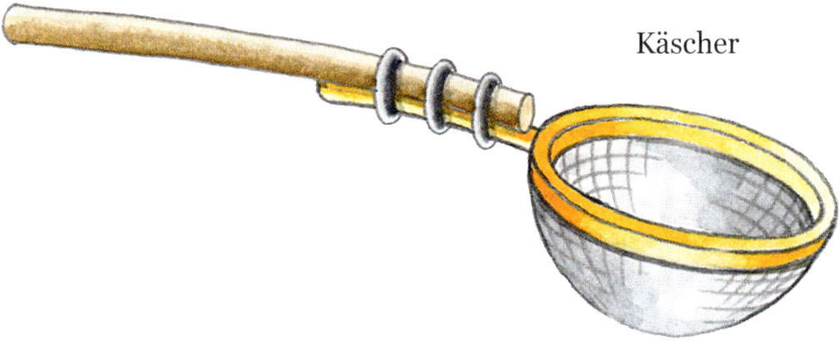

Diese Tiere zeigen dir, wie die Wasserqualität ist.

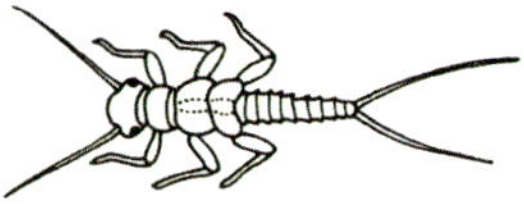

Steinfliegenlarve
(2 Körperanhänge)

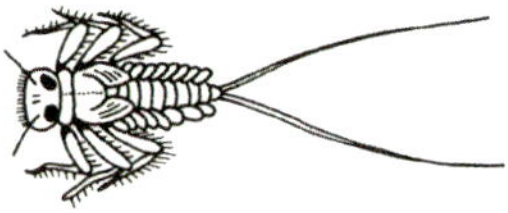

Flache Eintagsfliegenlarve
(2–3 dünne Körperanhänge)

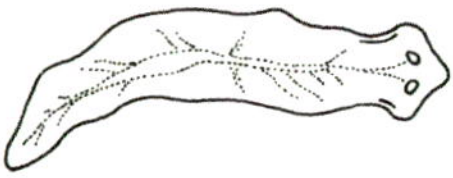

Strudelwurm
(flacher Körper)

Welche Tiere leben in deinem Gewässer? Kreuze an!

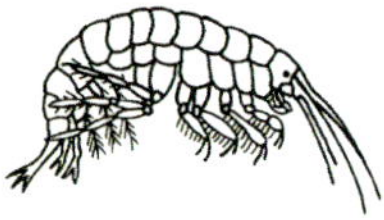

Flohkrebs
(Körper seitlich abgeflacht)

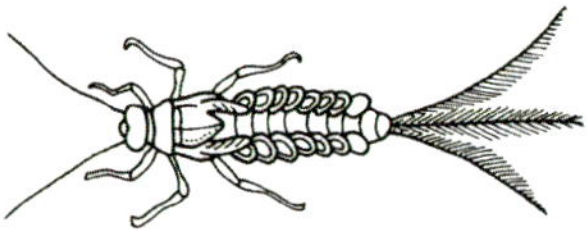

Runde Eintagsfliegenlarve
(3 federige Körperanhänge)

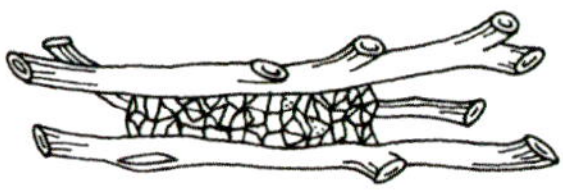

Köcherfliegenlarve
(Die Larve steckt im Köcher.)

Datum:
Ort:

Am Wasser

Die Wasserqualität

SCHLECHT

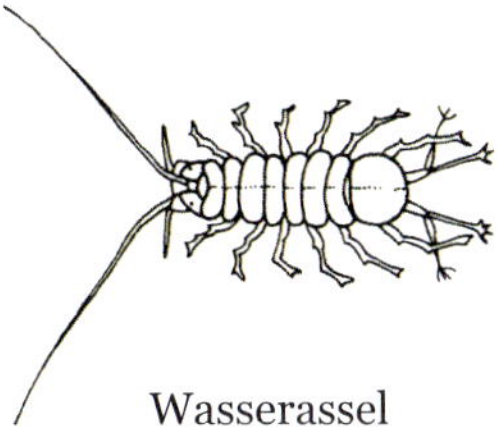

Wasserassel
(Rückenlinie gebogen)

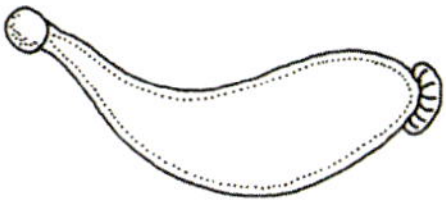

Rollegel
(rollt sich gerne zusammen)

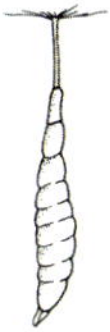

Waffenfliegenlarve
(hängt unterm Wasserspiegel)

SEHR SCHLECHT

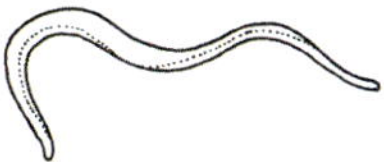

Roter Schlammröhrenwurm
(sehr lang gestreckt)

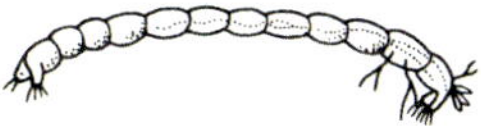

Rote Zuckmückenlarve
(2 Paar Anhänge am Bauch)

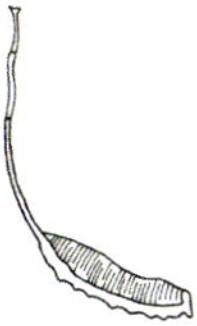

Rattenschwanzlarve
(langes Atemrohr)

Schlamm-
schnecken

Muschelkette
Du brauchst: lose Muschelschalen (geschlossene Schalen nicht öffnen: Das Tier lebt noch!), Handbohrer (Dorn vom Taschenmesser), Schnur

1. Säubere die Schalen.
2. Durchbohre sie vorsichtig mit dem Handbohrer.
3. Fädele sie auf ein Stück Schnur.
4. Mache hinter jeder Muschel einen Knoten (damit nichts verrutscht).

Schneckenmobile
Du brauchst: leere Schneckenhäuser, Handbohrer, Schnur, einen schönen Ast

1. Säubere die Gehäuse und durchbohre sie mit dem Handbohrer.
2. Fädele die Gehäuse auf Schnüre und knote sie an den Ast.

Tipp!
Hänge das Mobile im Winter über die Heizung. In der aufsteigenden Warmluft dreht es sich besonders gut.

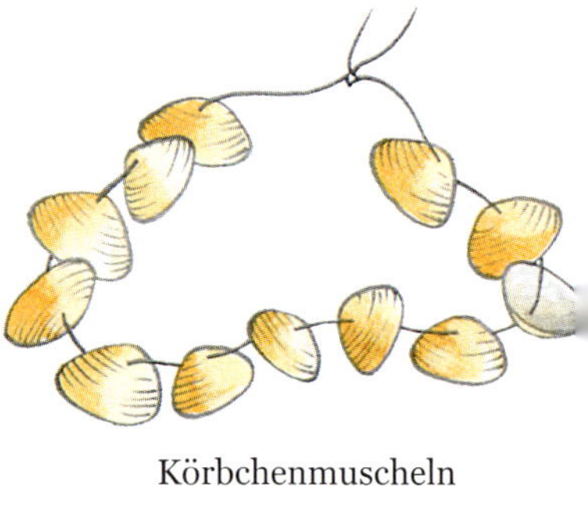

Körbchenmuscheln

Am Wasser

Kette, Windspiel, Mobile

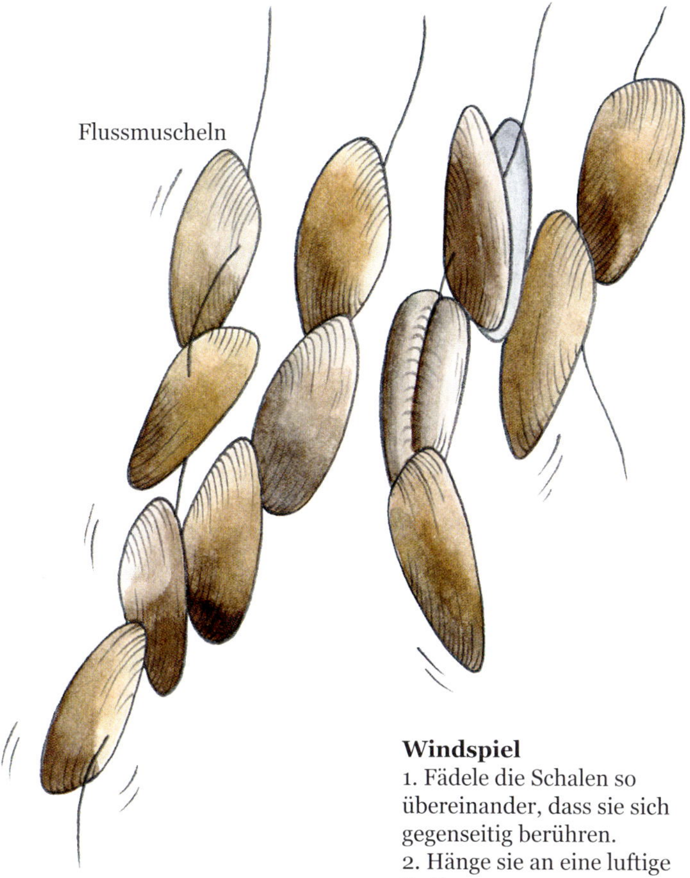

Windspiel
1. Fädele die Schalen so übereinander, dass sie sich gegenseitig berühren.
2. Hänge sie an eine luftige Stelle.

Hole dir die Unterwasserwelt nach Hause!

Du brauchst: ein Einmachglas, Käscher, Kieselsteine

1. Gib eine Schicht kleine Steinchen ins Glas.
2. Angele die Wasserpflanzen mit dem Käscher (s. Seite 54).
3. Knipse ein Stück Wasserpest ab und stecke es zwischen die Steinchen.
4. Fülle Wasser ins Glas und füge 2–3 Wasserlinsen hinzu (nicht mehr!).

Nicht vergessen: Nach ein paar Tagen musst du Wasser nachfüllen!

Wasserpest wurzelt im Bachbett und bildet lange Stängel, die von der Strömung hin- und herbewegt werden.

Wasserlinsen sind winzig klein und treiben an der Wasseroberfläche. Sie überwintern am Gewässerboden und tauchen im Frühjahr wie kleine U-Boote wieder auf.

Wichtig: Deckel nach dem Transport abschrauben, damit Luft ins Glas kommt!

Am Wasser

Unterwasser-Urwald

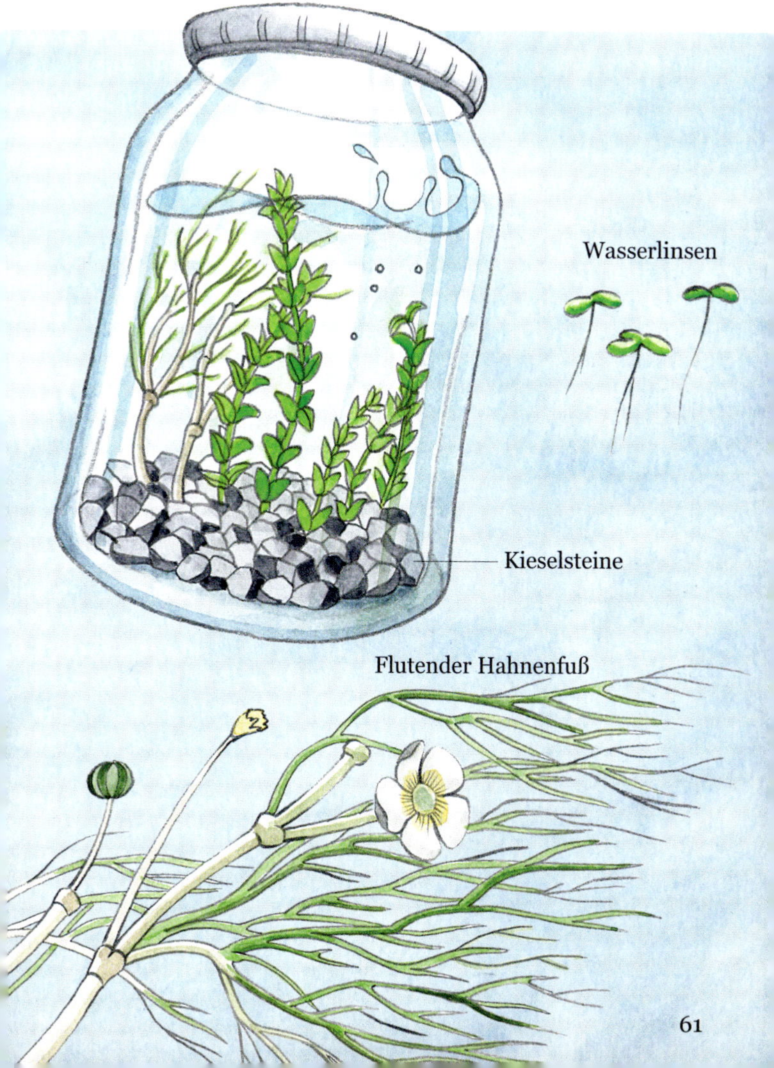

Süßer Duft

Mädesüß ist eine Uferstaude mit duftenden Blütendolden! Bei Stauden überwintern nur die Wurzeln im Boden. Deshalb kannst du sie im Winter nicht finden. Suche Mädesüß zur Blütezeit, also von Juni bis August.

Kennzeichen

- Pflanze etwa 1,5 m hoch
- Gelblichweiße Blüten
- Blütendolden erinnern an Zuckerwatte!

Sammeln

1. Pflücke einige Blütendolden vom Mädesüß.
2. Trockne sie zu Hause auf der Fensterbank.
3. Zerreibe die trockenen Blüten und fülle sie in ein Duftsäckchen!

Duftsäckchen nähen

Du brauchst: 1 längliches Stück Stoff, Nadel, Faden, Bändchen zum Zubinden

1. Falte den Stoff in der Mitte (schöne Seite nach innen!).
2. Nähe beide Längsseiten zu.
3. Wende den Stoff (schöne Seite nach außen!).
4. Fülle das Säckchen mit trockenen Blüten.
5. Zubinden – fertig!

Am Wasser

Duftsäckchen

Iädesüß

Am Strand kannst du mehr tun als nur baden. Ritze dir ein Spielfeld in den Sand, suche dir einen Mitspieler und los geht's!

Mühlespiel der Römer
Jeder Spieler sucht sich 3 Steine: Ein Spieler nimmt helle Steine, der andere nimmt dunkle Steine.

Spielregeln
• Die Steine werden abwechselnd auf das Spielfeld gesetzt.
• Sind alle 6 Steine gesetzt, werden die Steine entlang der Linien gezogen (Springen ist nicht erlaubt!).
• Wer als Erster 3 Steine in einer Reihe hat, schließt seine Mühle und gewinnt!
• Mühlen dürfen nur auf den Geraden gebildet werden, nicht auf dem Kreis!

Strategie
Hat dein Mitspieler einen Stein in der Mitte, kannst du trotzdem noch gewinnen: Dränge seine Steine möglichst dicht zusammen und zwinge ihn so, die Mitte zu verlassen!

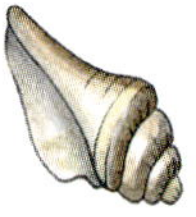

Horch doch mal!
Suche dir eine Meeresschnecke, halte sie an dein Ohr und lausche: Was rauscht denn da?
• Du hörst nicht das Meer rauschen, sondern leise Geräusche aus deiner Umwelt. Die Schnecke verstärkt die Geräusche nur.
• So rauscht es auch: Forme mit den Händen einen Hohlraum und halte sie an dein Ohr. Na, rauscht's?

Am Wasser

Am Strand

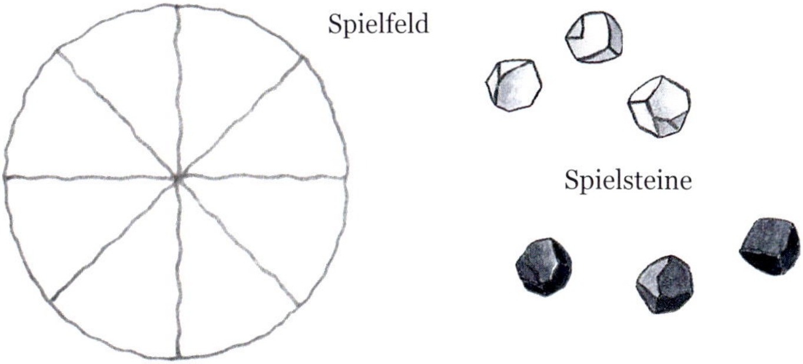

Rätsel:
Alle Steine sind gesetzt. Schwarz ist am Zug. Wer gewinnt? (Antwort s. Seite 125)

Im Wald

Die eigene Hütte im Wald ist der ideale Ausgangspunkt für viele Aktionen: Du kannst dich zurückziehen, Schutz suchen, Freunde einladen, Material lagern… also los geht's!

Du brauchst: mehrere Äste (etwa 2 m lang), Zweige, Schnur

1. Suche dir eine geschützte Stelle im Wald.
2. Stelle die Äste so auf, dass sie sich gegenseitig Halt geben.
3. Vergiss nicht, eine Lücke für den Eingang freizulassen! Mache den Eingang am besten auf der Südseite. So kommt mehr Sonnenlicht und weniger Wind in deine Hütte hinein.
4. Binde die Äste oben mit Schnur zusammen.
5. Prüfe: Steht das Gerüst stabil?
6. Flechte dünne, biegsame Äste ein und stecke Zweige dazwischen.
7. Verkleide die Hütte mit Grasbüscheln, Blättern und Moos – fertig!

Tipp!
Baust du die Hütte im Garten, pflanze Feuerbohnen daneben. Die Bohnen ranken sich an der Hütte empor und bilden »lebende« Wände.

Feuerbohne

Im Wald

Die Zweighütte

So schützt du dich vor einem plötzlichen Regenguss:

Stütz-Zelt

Du brauchst: 1 große Plastikplane, Steine, einen langen Ast

Hänge-Zelt

1. Lehne den Ast in eine Astgabel (nicht zu steil, sonst rutscht die Plane runter).
2. Hänge die Plane über den Ast (wenn sie rutscht: Oben festbinden!).
3. Ziehe die Plane straff und beschwere sie unten mit Steinen – fertig!

Hänge-Zelt

1. Spanne eine Schnur zwischen zwei Bäume oder suche dir einen tief hängenden Ast.
2. Hänge die Plane darüber.
3. Beschwere sie unten mit Steinen – fertig!

Tipp!

Setze dich auf eine Plastiktüte, dann bleibt der Hosenboden trocken.

Im Wald

Der Regenunterstand

Wichtig: Der Eingang sollte auf der dem Wind abgewandten Seite liegen, sonst regnet es rein!

Wie Robin Hood durch den Wald streifen und Abenteuer erleben …
Da dürfen Pfeil und Bogen natürlich nicht fehlen!

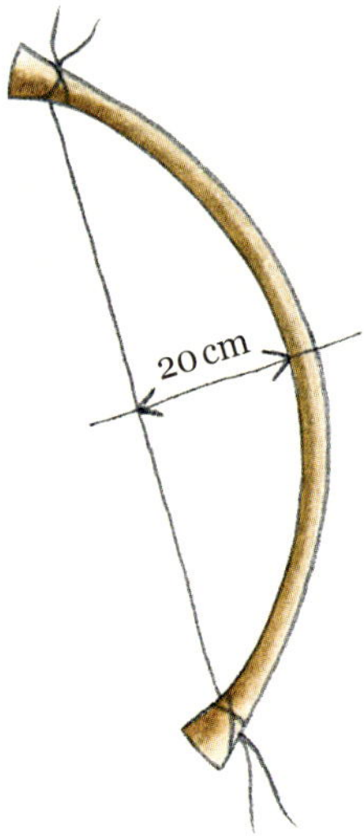

Bogen

Du brauchst: 1 biegsamen, festen Ast (zum Beispiel vom Haselnussstrauch, s. Seite 81), ca. 1–1,5 m lang; Schnur, Taschenmesser

1. Schnitze in jedes Ende vom Ast eine Kerbe.
2. Knote die Schnur in einer Kerbe gut fest.
3. Biege den Ast und ziehe die Schnur stramm: Sie sollte etwa 20 cm von der Bogenmitte entfernt sein!
4. Binde eine Schlaufe und hänge die Schlaufe in die zweite Kerbe ein – fertig!

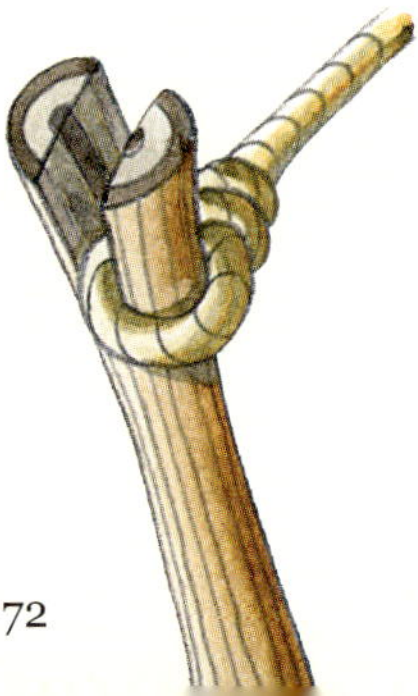

Pfeil

Du brauchst: 1 geraden Zweig (Haselnuss), Federn, dünne Schnur, Taschenmesser

1. Schäle den Zweig.
2. Spitze ein Ende an.
3. Schneide in das andere Ende einen Schlitz.
4. Stecke 1–2 Federn in den Schlitz.
5. Binde den Schlitz mit einem Stück Schnur fest zusammen – fertig!

Im Wald

Pfeil und Bogen

Kennst du eine feuchte Stelle im Wald oder hat es gerade geregnet? Dann lohnt es sich, den nassen Waldboden nach Spuren abzusuchen! Hast du eine Spur entdeckt, hole dir die Zutaten und mache einen Abdruck davon!

Rätsel:
Welche Tiere haben hier ihre Spuren hinterlassen? Umblättern und nachsehen!

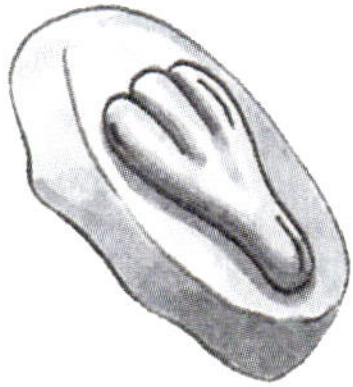

Abdrücke machen
Du brauchst: Gips (weiß, schnell härtend, etwa 500 g), 1 alten Becher, Rührstab (Stock), Kartonstreifen (25 cm lang, 4 cm breit), 1 Büroklammer, etwas Wasser, 1 Tüte (für Reste und Müll)

1. Hefte den Kartonstreifen mit der Büroklammer zu einem Ring zusammen.
2. Drücke den Ring um die Spur herum in den Boden.
3. Rühre den Gips mit Wasser an: Die Masse soll sich gut gießen lassen, darf aber nicht zu dünnflüssig sein!
4. Gieße den Gipsbrei in den Abdruck und warte, bis er hart geworden ist.
5. Löse den Abdruck vom Untergrund – fertig!

Im Wald

Tierspuren zum Mitnehmen

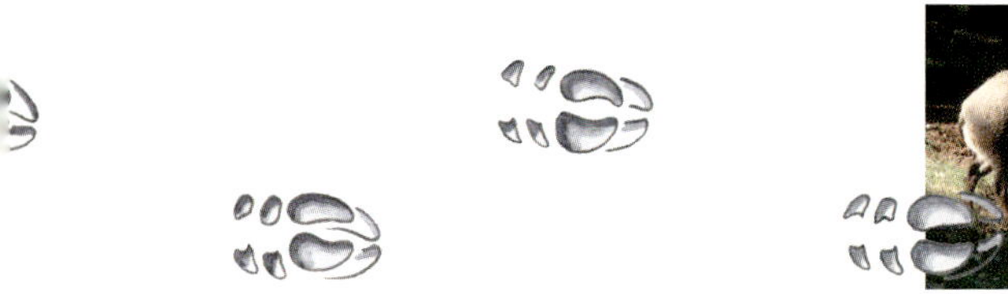

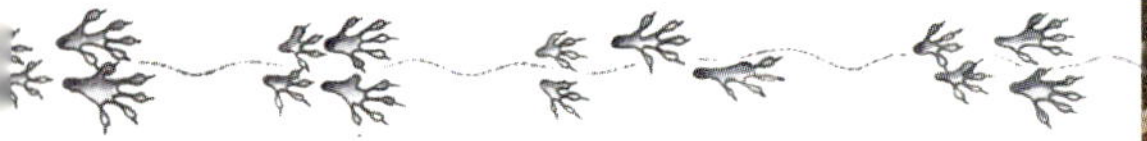
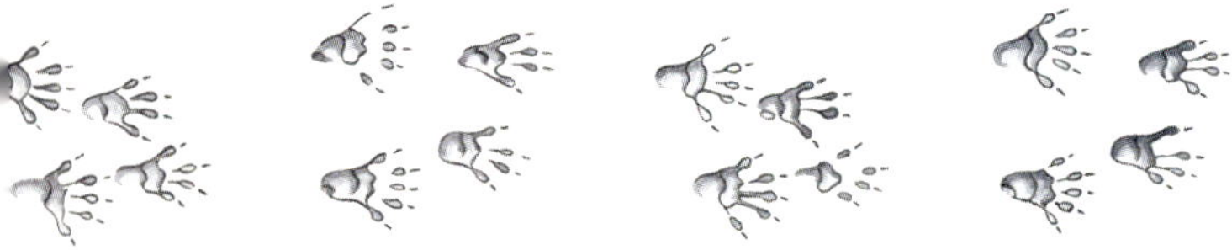

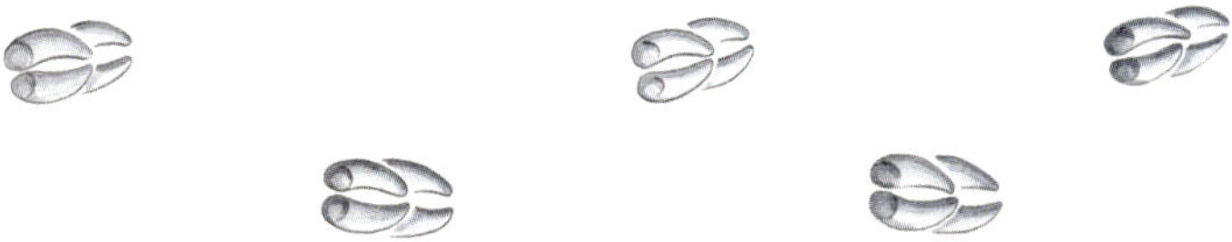

Im Wald

Tierspuren erkennen

Bei einer **Mausspur** sind die Zehen stark gespreizt. An den Vorderfüßen erkennst du vier, an den Hinterfüßen fünf Zehen mit Krallen. Der Strich zwischen den Tritten stammt vom Schwanz.

Bei der **Eichhörnchenspur** sind die Hinterfüße deutlich größer als die Vorderfüße. Die Zehen sind lang und tragen Krallen.

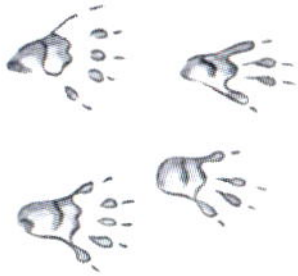

Die Fährte eines **Fuchses** erkennst du daran, dass alle Tritte aufgereiht sind wie Perlen auf eine Schnur. Die Krallen sind sichtbar.

Beim **Reh** drücken sich nur die beiden großen Vorderzehen in den Boden. Die Klauen hinten am Fuß sitzen zu hoch, um Abdrücke zu hinterlassen.

Beim **Wildschwein** sitzen die Klauen tiefer und hinterlassen zusätzliche kleine Abdrücke. Die Tritte von Jungtieren sind spitzer als die Tritte von ausgewachsenen Tieren.

Was fällt dir ein, wenn du einen alten umgestürzten Baum siehst: Balancieren? Drüber springen?

Versuche es doch einmal damit:

Das Baumtelefon
1. Lege dein Ohr an ein Stammende.
2. Bitte jemanden, am anderen Stammende zu klopfen (oder zu kratzen). Was hörst du?

Der Trick
Die langen Wasserleitungsgefäße im Stamm leiten den Schall direkt in dein Ohr – fast so wie bei einer Telefonleitung!

Tipp!
Benutze den Morsecode (s. Seite 102) und schicke Nachrichten durch den Baumstamm: Kratzen = »lang«, Klopfen = »kurz«.

Was sind Jahresringe?
Ein Baum wird jedes Jahr einen Ring dicker: Das helle Holz stammt vom Frühjahr, das dunkle Holz vom Herbst.

Das Alter bestimmen
Zähle die Jahresringe, dann weißt du, wie alt der Baum geworden ist!

Gute Zeiten, schlechte Zeiten
Die Jahresringe erzählen dir auch, wie es dem Baum ergangen ist.
- Ein breiter Ring bedeutet ein gutes Jahr! Der Baum hatte genug Wasser und Licht zum Wachsen.
- Ein dünner Ring bedeutet ein schlechtes Jahr! Trockenheit oder Schädlinge bremsten das Wachstum.

Im Wald

Baumstämme

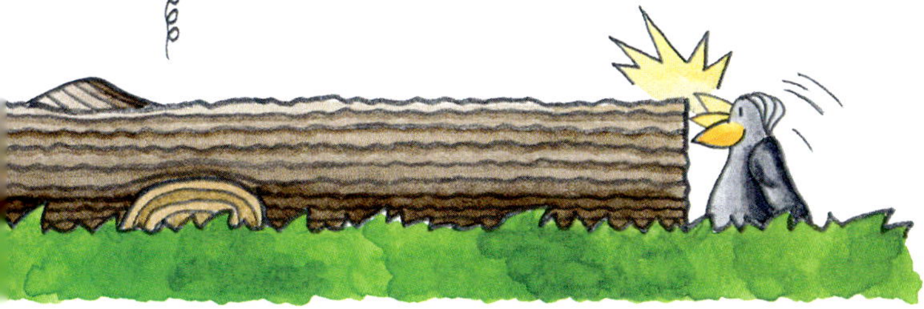

Rätsel:
Wie alt wurde dieser Baum?
(Lösung s. Seite 125)

Eiche (Quercus robur)
Eichen können 700 Jahre alt werden. Ihre Früchte sind nicht nur bei Tieren sehr beliebt – du kannst auch sehr gut damit basteln.
So baust du dir einen Mini-Kreisel:
1. Schneide eine Eichel quer durch.
2. Stecke ein angespitztes kleines Stöckchen (oder einen Zahnstocher) in die Mitte und los geht's!

Birke (Betula pendula)
Du erkennst die Birke leicht an ihrer weißen Rinde und dem schlanken Wuchs.
Mit einem Stück hauchdünner Birkenrinde kannst du bei feuchtem Wetter ein Feuer entfachen (s. Seite 110). Aber bitte nicht von lebenden Bäumen schälen!

Im Wald

Rund um Bäume und Sträucher

Kiefer (Pinus sylvestris)
Die Zapfen dieses Nadelbaums sind natürliche Regenmelder. Steigt die Luftfeuchtigkeit, macht der Zapfen dicht und die Samen bleiben trocken.

1. Stecke eine Nadel in den Zapfen und befestige einen Zeiger daran.
2. Male dir eine Skala und stelle den Zapfen davor.

- Zapfen zu bedeutet: Regen
- Zapfen offen bedeutet: kein Regen

Haselnuss (Corylus avellana)
Die elastischen Zweige von Haselnusssträuchern eignen sich besonders gut für Pfeil und Bogen (s. Seite 72)!

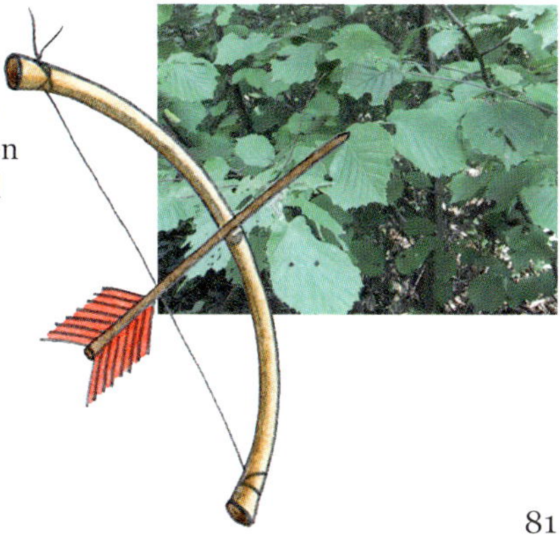

Klette (Arctium lappa)
Hättest du das gedacht? Die Natur kannte den Klettverschluss schon lange vor uns! Dieses unscheinbare Kraut ist ein Beispiel dafür: Seine borstigen Früchte haften (fast) überall. Wie wäre es mit Klettenschießen? Wer die meisten Treffer abbekommt, hat verloren!

Hundsrose (Rosa canis)
Die Samen in den reifen Früchten (Hagebutten) von Hecken- oder Hundsrosen verursachen Juckreiz auf der Haut: beim einen mehr, beim anderen weniger. Besser nur bei Leuten ausprobieren, die Spaß verstehen!

Im Wald

Spaß mit Sträuchern und Kräutern

Springkraut (Impatiens parviflora)
Achtung Explosionsgefahr! Bei diesem Kraut stehen die Früchte unter Spannung. Berührst du die reifen Kapseln, schießen dir die Samen entgegen!

Holunder (Sambucus nigra)
Das Innere der Äste (Mark) lässt sich mit einem Draht leicht entfernen. Aus dem hohlen Stängel kannst du dir ein Blasrohr oder eine Flöte basteln.

Auf der Wiese

Möchtest du beobachten, wie aus einer unscheinbaren kleinen Raupe ein schöner Schmetterling wird? Dann richte dir ein Raupenglas ein.

Du brauchst: 1 großes Einmachglas, Drahtgitter (Baumarkt), 1 Zange, Fliegengaze (dünne Gardine), 1 Schere, 1 Gummiring

1. Biege die Ränder des Drahtgitters nach unten um.
2. Lege das Gitter so in das Glas hinein, dass die Ränder nach unten zeigen.
3. Schneide ein Stück Fliegengaze als Abdeckung zurecht.

Draußen suchen
• 2–3 Raupen (nicht mehr!)
• Futter: Beblätterte Zweige von der Pflanze, auf der du die Raupen gefunden hast.

Das Glas einrichten
1. Fülle Wasser ins Glas (nicht höher als das Gitter!).
2. Stecke die Zweige durch das Gitter ins Wasser.
3. Setze die Raupen auf die Blätter.
4. Decke das Glas mit Fliegengaze ab und befestige sie mit dem Gummiring.
5. Stelle dein Raupenglas in den Schatten.

Hab Geduld! Es dauert eine Weile bis sich die Raupen verpuppen und die Schmetterlinge schlüpfen.

Nicht vergessen
• Versorge deine Raupen mit frischen Futterpflanzen.
• Fülle ab und zu etwas Wasser nach.
• Sind die Schmetterlinge geschlüpft, lass sie frei!

Tipp!
Besonders lohnend für die Raupensuche: Brennnesseln. Hier findest du (unter anderem) die Raupen von:
• Tagpfauenauge
• Kleiner Fuchs
• Admiral
• Distelfalter

Viel Erfolg bei deiner Suche!

Auf der Wiese

Das Raupenglas

So verwandelt sich die Raupe
in einen Schmetterling:

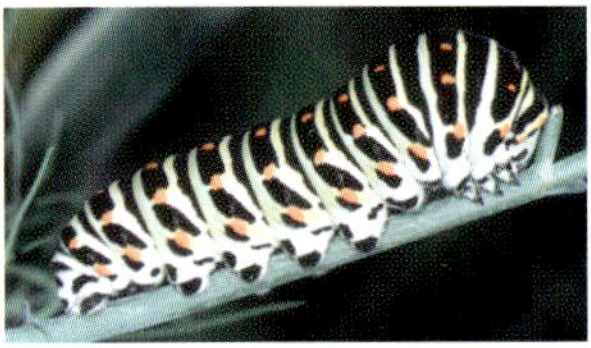

1)

2)

1

2

3

Auf der Wiese

Raupe – Puppe – Schmetterling

3)

1) Die Raupe frisst sich dick und rund!
2) In der Puppenhülle findet die Verwandlung statt.
3) Heraus schlüpft: ein Schwalbenschwanz!

A 

B 

C 

Rätsel:
Aus welcher Raupe schlüpft welcher Schmetterling?

Trage die Lösung ein:

Großer Kohlweißling

| 1 | |

Tagpfauenauge

| 2 | |

Kleiner Fuchs

| 3 | |

(Lösung s. Seite 125)

Tipp!
Besonders viele Schmetterlinge findest du auf heimischen Kräutern, blühenden Disteln und Sommerflieder.

Seit Urzeiten flechten Menschen Kränze. Diese beiden Techniken haben sich dabei besonders bewährt:

Wickeln

1. Lege 2 Blumen über Kreuz zusammen.
2. Wickle einen Stängel um den anderen.
3. Füge beide Stängel zusammen.
4. Mache mit der nächsten Blume das Gleiche.
5. Ist der Kranz lang genug, knotest du ihn mit langen Gräsern zusammen – fertig!

Durchstecken

1. Mache (mit dem Fingernagel) einen Schlitz in den Stängel der ersten Blume.
2. Stecke die zweite Blume durch den Schlitz.
3. Mache einen Schlitz in den Stängel der zweiten Blume.
4. Stecke die dritte Blume hindurch und so weiter ...
5. Verknote den Kranz mit Gräsern – fertig!

Löwenzahn

Auf der Wiese

Blumen-Kränze

Wiesenglockenblume

Auch gut geeignet:
Gänseblümchen, Hahnenfuß, Schafgarbe, Wiesen-Klee

Brennnessel-Mutprobe
Jetzt wird's spannend! Traust du dich, eine Brennnessel zu streicheln?

Tipp!
Streichele die Blätter in Wuchsrichtung: vom Stiel ausgehend nach außen. Die Nesselhaare brechen nicht ab und brennen dich nicht! Übrigens: Das Brennen ist völlig harmlos.

Orakel
Weißt du, was ein Orakel ist? Du stellst eine Frage, und das »Schicksal« antwortet dir. Die Antworten sind natürlich rein zufällig – nimm sie also nicht zu ernst. Aber Spaß macht das Orakeln allemal!

Wegerich-Orakel
- Stelle eine Frage, die mit »Wie viele« beginnt!
- Zupfe ein Blatt vom Wegerich ab: Wie viele Fasern schauen unten am Stängel heraus?

Die Zahl der Fasern ist die Antwort auf deine Frage!

Auf der Wiese

Mutprobe und Orakel

Gras-Orakel
(Funktioniert nur zu zweit!)
• Stelle eine Frage, die man mit »Ja« oder »Nein« beantworten kann.
• Pflücke drei lange (!) Grashalme und lege sie dem Mitspieler in die Hand (Faust schließen):
• Verknote zwei Halme oberhalb der Faust (1).
• Verknote zwei Halme unterhalb der Faust (2)
• Verknote die restlichen beiden Halme vor der Faust (3).
• Öffne die Faust: So lauten die Antworten …

Wie wär's mit einem gemütlichen Picknick für dich und deine Freunde?

Das muss mit
- Decke
- Getränkeflasche
- Picknick-Leckereien (Rezepte s. Seite 118/119)
- Holzbrettchen
- Taschenmesser
- »Zauberapfel« (s. Seite 118)
- Servietten (Handtuch)
- Sonnenschutz (Creme, Hut, Brille)
- Müllsack
- Plane
- Schnur
- Wäscheklammern

Falls Erwachsene mitgehen
- Kocher
- Topf
- Würstchen

Kaltes bleibt kühl
- Stelle den Proviant in den Schatten!
- Wickle ein nasses Tuch eng um deine Flasche (mit Schnur gut festzurren!). Die Verdunstungskälte hält das Getränk kühl!

Goldene Picknick-Regel:
Alles, was du mitgebracht hast, nimmst du wieder mit nach Hause!

Auf der Wiese

Picknick

Tipp!
Mit einer Plane, etwas Schnur und ein paar Wäscheklammern kannst du dir vor Ort einen Schattenspender bauen.

Wolkenkino

Lege dich gemütlich ins Gras und betrachte die Wolken. Je länger du nach oben schaust, desto spannendere Dinge wirst du entdecken!

Auf der Wiese

Wettbewerb:
Versuche doch einmal mit nackten Füßen Gras zu rupfen! Wer rupft das meiste?

Graspfeife
1. Lege die Handflächen zusammen.
2. Spanne zwischen Zeigefingern und Daumen einen Grashalm und puste auf den Halm.
3. Hab Geduld, wenn's nicht gleich klappt: Übung macht den Meister!

Seil spannen für Spiele
Vorbereiten:
1. Für die Seitenteile musst du jeweils 2 Äste mit Schnur zu einer Gabel zusammenbinden (ausreichend Schnur als »Spannleine« dranlassen!).
2. Knote das Spiel-Seil zwischen die Seitenteile.
3. Spitze 2 Pflöcke an.

Aufrichten:
1. Stelle die Seitenteile auf und spanne das Spiel-Seil.
2. Verankere die Konstruktion mit den Spannleinen und Pflöcken im Boden – fertig!

Bei Nacht

Es ist aufregend, bei Nacht draußen zu sein! Lass dir dieses Erlebnis nicht entgehen. Doch beachte dabei: Gehe nicht allein hinaus in die Dunkelheit! Bitte einen Erwachsenen mitzugehen!

So findest du dich am Sternenhimmel zurecht

Suche das Sternbild **Großer Wagen**

(1) Verlängere den hinteren Teil vom Großen Wagen. Der Stern, auf den du triffst, ist der **Polarstern:** Wo der Polarstern steht, ist Norden!

(2) Auf der anderen Seite des Polarsterns findest du das Sternbild **Kassiopeia**.

Bei Nacht

Himmelhüpfen

assiopeia

(3) Ein Hüpfer von der Deichsel des Großen Wagens bringt dich zum Sternbild **Bärenhüter**.

(4) Im Sommer gelangst du vom vorderen Teil des Großen Wagens zum Sternbild **Schwan**.

(5) Im Winter weist dir der Boden des Großen Wagens den Weg zum Sternbild **Orion**. Typisch: drei helle Sterne, die in einer Linie eng beisammen liegen (»Gürtel des Orion«).

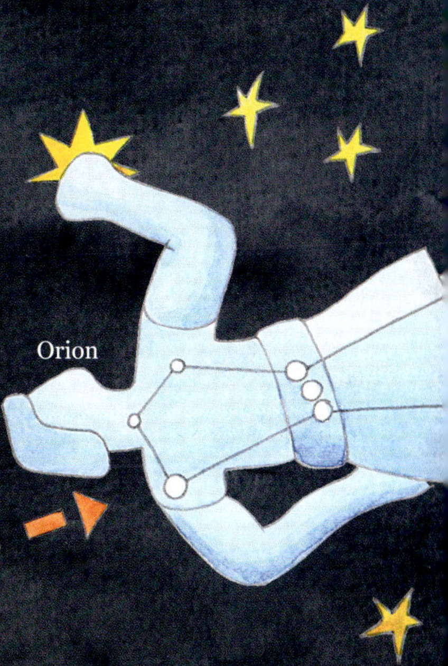

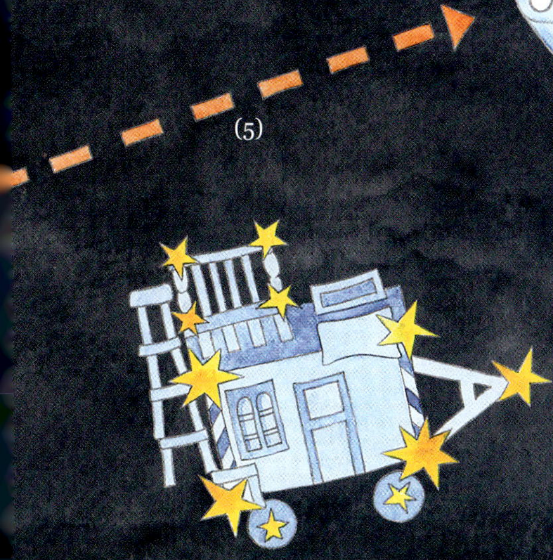

Merkwort (in Silben)	Buchstabe	Morse-Code
An **ton**	A	.-
Boh nen sup pe	B	-...
Co ca **Co** la	C	-.-.
Dorf brun nen	D	-..
Eis	E	.
Fens ter **bo** gen	F	..-.
Groß mo gul	G	--.
Haus be sit zer	H	....
In sel	I	..
Ja **wohl** O **dol**	J	.---
Klos ter **hof**	K	-.-
Li **mo** na de	L	.-..
Mo tor	M	--
Nor den	N	-.
Oh Ot to	O	---
Per **Mo to** rad	P	.--.
Quost dorf bei **Forst**	Q	--.-
Re **vol** ver	R	.-.
Sau se wind	S	...
Ton	T	-
U ni **form**	U	..-
Ven ti la **tor**	V	...-
Wind **mo tor**	W	.--
Xox ist kein **Wort**	X	-..-
Yo ga **So lo**	Y	-.--
Zorn dor fer Schlacht	Z	--..
Ant **wort** kann **kom** men	Ende	.-.-.

Bei Nacht

Morsen: Senden

So kannst du geheime Signale senden, die nur Eingeweihte verstehen:

Du brauchst: eine Taschenlampe (am besten eine mit Knopf zum Blinken!)

Länge der Signale

- Strich: lang blinken (5 Sekunden)
- Punkt: kurz blinken (1 Sekunde)
- Zwischen zwei Buchstaben: 5 Sekunden Pause
- Nach einem Wort: 10 Sekunden Pause

Es reicht, wenn du die Sekunden nur ungefähr zählst: Hauptsache, die Signale sind deutlich!

Nachricht senden

Die Merkwörter helfen dir! Beispiel: Du willst ein »B« senden:

- Das Merkwort für B ist »Bohnensuppe«.
- Zerlege das Wort in Silben.
- Sende für jede Silbe mit einem O ein langes Signal.
- Sende für jede andere Silbe ein kurzes Signal:

Boh-nen-sup-pe

\- . . .

Tipp!

Sende kurze Nachrichten.

Du brauchst: Papier und Stift (zum Mitschreiben)

Länge der Signale

- Lang = Strich
- Kurz = Punkt

So funktioniert der Morseschlüssel

- Beginnt die Botschaft mit einem langen Signal, folgst du den Linien oben rechts.
- Beginnt sie mit einem kurzen Signal, folgst du den Linien oben links.
- Ist das nächste Signal kurz, gehe mit dem Finger auf den nächsten Punkt, ist das nächste Signal lang, gehe auf den nächsten Strich. Folge den Linien solange bis die Pause kommt.
- Schreibe den entschlüsselten Buchstaben auf.
- Jetzt ist der nächste Buchstabe an der Reihe.

Rätsel:
Kannst du diese Botschaft entziffern?

. - / - . . . / . . . / - . - . / . . . .
/ . - / . - . . /- / . / - .

. . - / - . / - . .

. - . / . - / . . - / . . . / - - . / .
/ . . . . / . / - .

Lösung s. Seite 125

Bei Nacht

Morsen: Empfangen

Erstes Signal kurz **Erstes Signal lang**

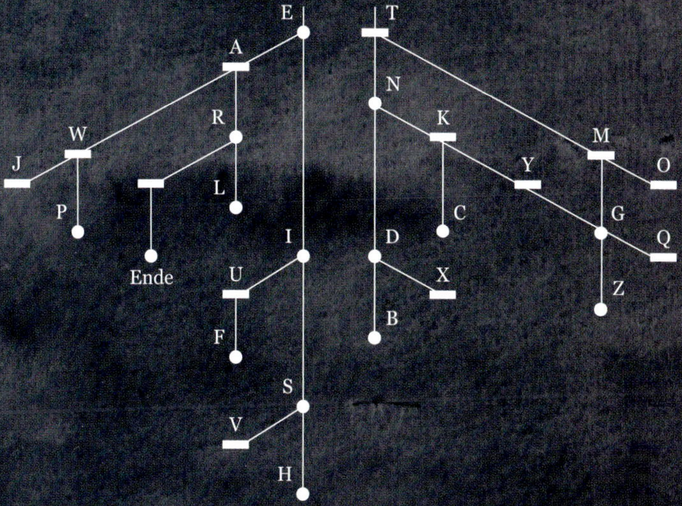

Wenn du nachts durch den Wald streifst, wirst du schnell merken, dass du nicht allein bist. Immer wieder knackt und raschelt es. Wer ist da noch unterwegs?

Tipps!

- Nimm eine Jacke und eine Sitzunterlage mit (nachts wird es kühl und der Boden wird feucht!).
- Suche deinen Beobachtungsposten bei Tag aus und achte dabei auf Tierspuren (s. Seite 76/77).

Nächtliche Geräusche

- Das klagende »Hu-huu« kommt von der Waldohreule.
- Ein tiefes kurzes »Effeff« stammt vom Baummarder.
- Frösche quaken.
- Grillen zirpen.

Nachtfalter anlocken

Du brauchst: eine Taschenlampe, weißes Laken

1. Hänge das Laken über einen Busch.
2. Lege die Taschenlampe so auf den Boden, dass sie das Laken anstrahlt.
3. Setze dich gemütlich hin und warte, welche Falter sich auf deinem Laken versammeln.

Bei Nacht

Tiere bei Nacht

Warum nur draußen spielen, solange es hell ist? Im Dunkeln sind die Spiele noch viel aufregender!

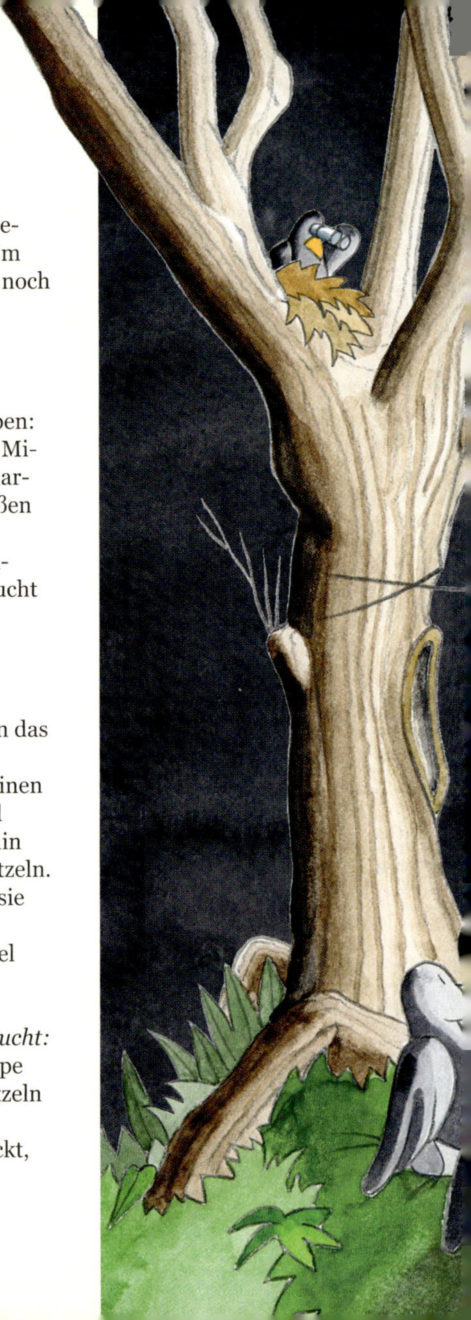

Schnitzeljagd

Teilt euch in zwei Gruppen:
1. Gruppe 1 bekommt 15 Minuten Vorsprung und markiert ihren Weg mit weißen Papierschnitzeln.
2. Gruppe 2 folgt den Papierschnitzeln und versucht Gruppe 1 einzuholen.

Schatzsuche

Bitte einen Erwachsenen das Spiel vorzubereiten:
1. Er/Sie überlegt sich einen geheimen Ort (Ziel) und markiert den Weg dorthin mit *weißen* Papierschnitzeln.
2. Am Ziel versteckt er/sie einen Schatz! Die Suche beginnt, sobald es dunkel geworden ist.

Jeder Schatzsucher braucht:
eine eigene Taschenlampe
• Folgt den Papierschnitzeln und sammelt sie ein.
• Wer den Schatz entdeckt, darf ihn verteilen!

Bei Nacht

Spiele im Dunkeln

Schattentheater
Du brauchst: eine Taschenlampe, weißes Laken, Klammern, Schnur
1. Spanne die Schnur und klammere das Laken daran.
2. Lege die Taschenlampe so auf den Boden, dass sie das Laken anstrahlt. Die Vorstellung kann beginnen!

Sehen wie die Flammen züngeln, es knistern und knacken hören – Feuer ist spannend. Nur sicher muss es sein!

Wichtige Regeln

- Ein Erwachsener muss dabei sein.
- Mache Feuer nur dort, wo es erlaubt ist (z. B. Grillplatz).
- Vermeide Funkenflug.
- Lass das Feuer niemals allein!
- Bevor du gehst: Kühle die Glut mit Wasser. Oder: Ziehe sie auseinander und bedecke sie mit Sand. (Heiße Holzkohle kann Blätter entzünden!)

Tipp!
Holzspäne sind gut zum Anzünden. Du kannst sie dir mit dem Taschenmesser von Stöcken abschaben.

Gut vorbereiten …

- Suche altes, abgestorbenes Holz. Frische Äste brennen schlecht und qualmen stark.

- Sammele Reisig zum Anzünden (dünne Ästchen, trockenes Gras).

- Bei feuchtem Wetter: Suche Birkenrinde. Sie hilft beim Anzünden.

Bei Nacht

Die sichere Feuerstelle

• Dicke Holzstücke zum Nachlegen dürfen neben dem Feuer vortrocknen.

• Reisig darf nicht neben dem Feuer liegen bleiben. Es könnte sich durch den Funkenflug entzünden!

• Baue einen Ring aus Sand (Steinen) rund ums Feuer und stelle einen Eimer mit Wasser (Sand) bereit.

• Schichte Holzspäne, Reisig und trockene Ästchen locker aufeinander.

• Stelle dickere Äste so darüber, dass sie sich gegenseitig stützen.
Bedenke: Das Feuer braucht Luft von unten!

... dann anzünden!

Während du auf die Glut wartest, kannst du dir etwas schnitzen. Dabei vergeht die Zeit im Nu!

Du brauchst: ein Taschenmesser, geeignetes Holz
Beachte: Immer vom Körper weg schnitzen!

Wanderstock
1. Suche einen stabilen Stock, der nicht zu schwer ist. Test: Halte den Stock so, dass Stock und Unterarm einen rechten Winkel bilden.
2. Ritze Muster, Buchstaben oder Geheimzeichen in den Stock. So weiß jeder: Der Stock gehört dir!

Stöcke zum Braten
(für Stockbrot oder um Würstchen aufzuspießen)
1. Suche dünne Äste, die noch jung und elastisch sind (alte Äste brechen leicht).
2. Schäle den Ast vorne ab und spitze ihn an – fertig!

Bei Nacht

Warten auf die Glut

Hab Geduld!
Auch wenn du noch so hungrig bist: Warte, bis das Feuer heruntergebrannt ist. Halte dein Würstchen oder das Stockbrot nicht in die Flammen, sondern brate es über der Glut, sonst wird es schwarz und verbrennt. Wie wär's in der Zwischenzeit mit einer spannenden Gruselgeschichte?

Infos

Stockbrot

Vorbereitung

Du brauchst: 500 g Mehl, 1 Teelöffel Salz, ein Päckchen Hefe, Wasser

1. Schütte Mehl, Salz und Hefe in eine Rührschüssel.
2. Gib etwa ein halbes Glas (lauwarmes) Wasser dazu und verrühre das Ganze: Bröselt der Teig, füge Wasser hinzu. Klebt der Teig, füge Mehl hinzu.
Der Teig ist fertig, wenn er sich glatt anfühlt und leicht aus der Schüssel löst.
3. Decke den Teig mit einem Tuch ab und stelle ihn an einen warmen Ort.

Am Lagerfeuer

Schnitze dir Stöcke zurecht (s. Seite 112) und forme den Teig:

Spiralen

Rolle eine lange Teigschnur, wickle sie um deinen Stock herum und halte sie über die Glut, bis das Stockbrot außen hellbraun ist.

Hot-Dog-Brötchen

1. Forme einen länglichen Teigbatzen und drücke deinen Stock hinein.
2. Sobald das Brötchen gar ist: Stock raus – Wurst rein!

Infos

Rezepte fürs Lagerfeuer

Folienkartoffeln

Du brauchst: Kartoffeln (möglichst jung und ohne Schadstellen), Alufolie

• Kleine Kartoffeln: gut waschen (nicht schälen) und roh in Alufolie einwickeln
• Große Kartoffeln: etwa 20 Minuten vorkochen und danach in Alufolie wickeln
1. Lege die eingewickelten Kartoffeln in die Glut.
2. Lasse sie etwa 30 Minuten in der Glut liegen.
3. Packe sie vorsichtig aus: Die Alufolie kühlt schnell ab, aber die Kartoffeln darin sind sehr heiß!

Tipp!
Besonders lecker mit einem Dip (s. Seite 118)!

Ringel-Würstchen

Du brauchst: Grillwürstchen

1. Spieße die Wurst auf einen Stock.
2. Schneide die Enden der Wurst tief über Kreuz ein.
3. Brate die Wurst über der Glut. In der Hitze kringeln sich die eingeschnittenen Enden!

Gemüse-Schnitze ...

Du brauchst: Karotten, Gurken, Stangensellerie (oder anderes Gemüse), Schneidebrett, Messer

1. Wasche (oder schäle) das Gemüse.
2. Schneide es in längliche Stücke – fertig!

... mit Dip!

Du brauchst: 100 g Frischkäse, 100 g Sahnequark, Salz, Paprika (edelsüß)

1. Verrühre Frischkäse und Sahnequark.
2. Schmecke das Ganze mit Salz und Paprika ab – fertig!

Käse-Spieße

Du brauchst: Käse am Stück, Trauben, Zahnstocher

1. Schneide den Käse in Würfel.
2. Wasche die Weintrauben und trockne sie ab.
3. Stecke beides abwechselnd auf Zahnstocher – fertig!

Zauberapfel

Du brauchst: 1 Apfel

1. Wasche den Apfel und packe ihn ein (Taschenmesser nicht vergessen!).
2. Beim Picknick: Schneide den Apfel ringsherum zickzack-förmig ein.
3. Ziehe beide Hälften auseinander – fertig!

Infos

Rezepte fürs Picknick

Kräuter-Brötchen

Du brauchst: 250 g Magerquark, 250 g Mehl, 1 Päckchen Backpulver, 1 Ei, 1 halben Teelöffel Salz, 2 Esslöffel Kräuter (frisch oder gefroren), Milch zum Bestreichen

1. Mische Mehl und Backpulver.
2. Gib die restlichen Zutaten dazu und verknete alles zu einem glatten Teig.
3. Forme kleine Brötchen (Hände einmehlen!).
4. Lege die Brötchen auf ein Backblech (mit Backpapier).
5. Ritze die Brötchen ein und bestreiche sie mit Milch.
6. Heize den Backofen auf 200–220 °C vor.
7. Backe die Brötchen etwa 25 Minuten – fertig!

Verpacken und mitnehmen
Gut geeignet:
- Plastikdosen mit Deckel
- Frühstückstütchen

Tipp!
Bevor es losgeht: Stelle alle Lebensmittel und Getränke in den Kühlschrank.

Achtung: Es gibt mehr giftige Pflanzen, als hier abgebildet sind!

Iss niemals Pflanzen oder Früchte, die du unterwegs findest! Die Herkulesstaude nicht anfassen! (Ihr Gift geht durch die Haut.)

Tollkirsche
(Atropa belledonna)

Eibe
(Taxus baccata)

Goldregen
(Laburnum anagyroides)

Liguster
(Ligustrum vulgare)

Seidelbast
(Daphne mezereum)

Infos

Giftpflanzen

Eisenhut
(Convallaria majalis)

Herbstzeitlose
(Colchicinum autumnale)

Fingerhut
(Digitalis purpurea)

Schierling
(Conium maculatum)

Maiglöckchen
(Convallaria majalis)

Herkulesstaude
(Heracleum mantegazzia)

Wichtig!
Diese Anleitungen machen dich nicht zum Arzt oder Sanitäter.
• Zeige alle Verletzungen, auch die kleineren, unbedingt zu Hause den Eltern!
• Das Wichtigste für den Notfall: Hole Hilfe!

Das gehört in einen Erste-Hilfe-Koffer
• Pinzette
• Schere
• Pflaster
• Sterile (eingeschweißte) Kompressen
• Elastische Binde (für Verstauchungen)
• Mullbinde (zum Verbinden von Wunden)
• Heftpflaster (zum Festmachen der Binden)
• Zitronen-Melissen-Öl gegen Juckreiz/Stiche
• Desinfektionsmittel/Wundcreme: Mit den Eltern/Arzt absprechen!

So kannst du bei kleineren Verletzungen helfen

Nasenbluten
• Kopf nach *vorne* beugen.
• Nase etwa 10 Minuten zuhalten. *Danach:* Die Nase nicht gleich putzen, sonst blutet es wieder!

Mückenstiche
• Du kannst den Juckreiz mit Zitronen-Melissen-Öl aus der Apotheke lindern.
• *Vorbeugen:* Reibe dich mit Insektenschutzmittel ein!

Blasen
• Decke die Blase mit einem Pflaster ab.
• *Vorbeugen:* Trage passende (eingelaufene) Schuhe und Arbeitshandschuhe!

Splitter
• Entferne den Splitter mit einer sauberen Pinzette.

Kleine Schnittwunde
• Halte Hand/Fuß nach oben, damit es aufhört zu bluten.

Infos

Erste Hilfe

• Decke die Wunde mit einem Pflaster ab.

Leichte Abschürfung
• Bedecke die Wunde mit einer sterilen Kompresse.
• Kleinere Abschürfungen dürfen an der Luft trocknen.

Größere Verletzungen

Hole Hilfe!
Wer weiß, wie man im Notfall Hilfe holt, rettet Leben!

Richtig telefonieren
• Wähle die 112.
• Sage: »Das ist ein Notfall!«
Beantworte diese Fragen:
• **Wo** bist du gerade?
• **Was** ist passiert?
• **Wie viele** sind verletzt?
• **Welche** Verletzungen?
• **Wer** bist du?
• **Warte** auf Rückfragen!

Notruf-Nummern
112 – Feuerwehr und Rettungsdienst
110 – Polizei

Wenn in deiner Gegend eine andere Notrufnummer gilt, trage sie hier ein:

Hilf dem Verletzten
• Bleibe ruhig!
• Bewege den Verletzten nicht. *Ausnahme:* Der Verletzte ist in Gefahr (Feuer).
• Tröste und beruhige ihn bis Hilfe kommt.
• Je nach Wetter: Decke ihn zu oder spende Schatten.

A–Z (Seite)

Infos

Schlagworte und Lösungen

Lösungen:
Seite 32: ca. 250 Meter
Seite 65: Weiß gewinnt!
Seite 79: 13 Jahre
Seite 89: 1/B, 2/C, 3/A
Seite 104: Abschalten und Rausgehen!

Zum Weiterlesen

Frank u. Katrin Hecker
Der Kosmos Naturführer für unterwegs
Kosmos Verlag

Angelika Lang
Spuren und Fährten unserer Tiere
BLV

Marie Bertherat
Geheimbotschaften: Codes, Morsezeichen, Signale
Ensslin im Arena Verlag

James Gourier
Bäume erkennen
Ensslin im Arena Verlag

Nicole Bustarret
Feld- und Wiesenblumen
Ensslin im Arena Verlag

Schmetterlinge bestimmen leicht gemacht
Gräfe und Unzer

Cecile Arbona
Karte, Kompass, Sonnenstand – so findest du den Weg
Ensslin im Arena Verlag

Claudia Toll, Anne Ebert
Tiere in der Nacht
Ravensburger

Lars Svensson u. a.
Der neue Kosmos Vogelführer
Kosmos

Links für kleine Naturforscher im Internet

www.tivi.de/loewenzahn
Alles rund um Peter Lustig und seinen Bauwagen

www.woodworld.ch
Wissenswertes und Spiele rund um den Wald

www.wildtiere-live.de
Sehr anschaulich mit vielen Geräuschen und Videos

Infos

Zum Schluss

www.naturdetektive.de
Spannende Wettbewerbe für kleine Naturforscher vom Bundesamt für Naturschutz

www.geolino.de
Onlinemagazin für Naturwissenschaftler von morgen

www.bfn.de
Einheimische Wildtiere kennen lernen und beobachten

www.zzzebra.de
Originelle Bastel- und Spieltipps für alle Gelegenheiten

www.pfadfindertechnik.de
Survivalguide mit Links

Bild- und Fotonachweis

De Cuveland: S. 80 Sandbirken; S. 83 Schwarzer Holunder; S. 89 Großer Kohlweißling, Tagpfauenauge; S. 120 Goldregen.

Fischer-Nagel: S. 76 Waldmaus, Wildschwein; S. 77 Eichhörnchen; S. 80 Eicheln; S. 81 Kiefer; S. 82 Heckenrose; S. 88/89 Schwalbenschwanz; S. 120 Eibe, Tollkirsche, Seidelbast; S. 121 Blauer Eisenhut, Fingerhut, Maiglöckchen, Herbstzeitlose.
Hattemer: S. 81 Haselnuss; S. 83 Springkraut.
Kirchen: S. 82 Klette, S. 89 Kleiner Fuchs
Reinhard: S. 76 Fuchs; S. 77 Rehbock; S. 88 Großer Kohlweißling (Raupe), Tagpfauenauge (Raupe), Kleiner Fuchs (Raupe); S. 120 Liguster; S. 121 Gefleckter Schierling, Herkulesstaude

Die Bauwagenansichten beruhen auf Originalzeichnungen von Klaus Fischer.